电力系统自动化与施工技术管理

范俊成　庞　婕　马凤臣◎主　编

吉林科学技术出版社

图书在版编目（CIP）数据

电力系统自动化与施工技术管埋 / 范俊成 , 庞婕 ,
马凤臣主编 . -- 长春 : 吉林科学技术出版社 , 2022.9
ISBN 978-7-5578-9781-9

Ⅰ . ①电… Ⅱ . ①范… ②庞… ③马… Ⅲ . ①电力系
统自动化－施工管理 Ⅳ . ① TM76

中国版本图书馆 CIP 数据核字 (2022) 第 179493 号

电力系统自动化与施工技术管理

主　　编　范俊成　庞　婕　马凤臣
出 版 人　宛　霞
责任编辑　乌　兰
封面设计　徐逍逍
制　　版　徐逍逍
幅面尺寸　170mm×240mm　1/16
字　　数　145 千字
页　　数　138
印　　张　8.75
印　　数　1-1500 册
版　　次　2022 年 9 月第 1 版
印　　次　2023 年 3 月第 1 次印刷

出　　版　吉林科学技术出版社
发　　行　吉林科学技术出版社
地　　址　长春市净月区福祉大路 5788 号
邮　　编　130118
发行部电话 / 传真　0431-81629529　81629530　81629531
　　　　　　　　　　81629532　81629533　81629534
储运部电话　0431-86059116
编辑部电话　0431-81629518
印　　刷　三河市嵩川印刷有限公司

书　　号　ISBN 978-7-5578-9781-9
定　　价　60.00 元

编委会

前　言

PREFACE

现代社会对电能供应的"安全、可靠、经济、优质"等各项指标的要求越来越高，相应地，电力系统也不断地向自动化提出更高的要求。电力系统自动化是自动化的一种具体形式，指应用各种具有自动检测、决策和控制功能的装置，对电力系统各元件、局部系统或全系统进行就地或远方的自动监视、协调、调节和控制，保证电力系统安全经济运行和具有合格的电能质量。

目前，电力工业发展迅猛，电力输电线路施工技术不断创新，电力企业发生了深刻的变化，各地电力企业均在积极争创世界一流企业。要想提高输电线路的施工水平，除了要有一流的管理人员、一流的专业技术人员外，还需要一大批一流的技术工人和施工技术，提高他们的施工技术技能，对于输电线路施工安全和质量至关重要。

本书首先介绍了电力机车自动控制系统与铁路电力系统自动化技术；然后详细阐述了与输电线路专业相关的施工、技术、管理等内容，以适应电力系统自动化与施工技术管理的发展现状和趋势。

由于本书写作时间仓促，难免有不当之处，敬请广大读者批评指正。

目　录

CONTENTS

第一章 电力机车自动控制系统

第一节 电力机车自动控制的基本概念

一、开环自动控制

自动控制的特点在于无须人的直接参与，系统可以按照一定的变化规律进行自动调节。自动控制系统一般有 3 个要素：控制对象、控制器（信息处理机构）和执行机构。控制对象给出控制目标；信息处理机构将目标值和实际情况进行比较运算，给执行机构发出动作指令；执行机构根据发出的动作指令进行调节，以求达到尽量接近控制目标。控制系统有开环控制和闭环控制之分。

在开环控制系统中，输出量对系统本身的执行过程没有影响，由于某种原因影响了控制过程的进行，使输出量不能达到既定目标，系统本身没有调节能力。开环系统由输入信号、控制器、被控制对象、输出信号等部分组成。

二、闭环自动控制

在闭环自动控制系统中，将输出量以一定的方式反馈到输入量，控制器根据给定目标和反馈信息的差值进行控制，当输出信号未能按既定目标完成时，系统本身能自动予以调整。

应当指出，控制器并不一定是一个单一的设备或元件，在闭环控制系统中，控制器应包括测量机构、比较机构、控制机构和执行机构（在开环系统中没有比较机构和测量机构）。一个复杂的控制系统可以由多个闭环系统组合而成，如速度环、电流环、电压环等。在 SS 型电力机车微机控制系统中，不论在正常工况还是在故障工况下都采用闭环控制，由系统自动调节，从而减轻了司机的劳动强度，简化了司机的操纵程序。

三、衡量控制系统的指标

在控制系统中，对输出量产生影响的其他方面的因素称为扰动。例如，在压缩机控制系统中，随着压缩空气的消耗以及管路的泄漏，会引起总风缸风压的降低，也就是使系统的输出量发生变化，那么这些因素就是对系统的扰动。

当一个控制系统受到扰动时，输出量就要发生变化。对于闭环控制系统来说，可通过自动调节返回它原来的平衡状态，而对开环控制系统则不然。就闭环系统而言，若通过调整能返回平衡状态，那么这个系统便是稳定的。反之，若系统在扰动的影响下，输出量向一个方向连续变化或呈现连续振荡性变化，那么系统就是不稳定的。因此，稳定性是衡量控制系统特性的一个重要指标。对一个系统最基本的要求就是稳定，不稳定的系统是无法正常工作的。

一个稳定的控制系统，当它受到扰动时，返回原来的平衡状态或达到新的平衡状态并不是瞬时完成的，而是需要经过一个过程，需要一段时间。在这段时间内，系统输出量的变化过程称为瞬态响应，可以用输出参数的振荡次数、最大振幅（也叫过调量或超调量）、达到稳定值所需的时间（也叫调整时间）等来衡量系统的特性，通常将这些衡量系统的因数称为系统的品质因数。

当系统瞬态响应结束达到稳定状态时，输出量与参考输入量并不一定完全符合初始时的情况，可能产生一定的误差。因此，误差也是衡量系统特性的重要指标。综上所述，系统的稳定性，瞬态响应的品质因数以及误差是衡量一个控制系统特性优劣的基本指数。毫无疑问，闭环控制比开环控制更易于稳定并具有较高的精度。

在相控电力机车上，自动控制的目标主要是电机电枢电流和电机转速（机车速度），信息处理机构是微型计算机或电子柜，执行机构是晶闸管变流装置。即电子柜或微机根据司机给定的手柄级位以及实际机车速度来调节晶闸管的触发角，从而使机车稳定运行在司机希望的工况和速度上。自动控制的优越性表现在：可以缩短启动时间，充分利用黏着条件，运行平稳，操纵简单，减小司机劳动强度。

第二节　相控电力机车的闭环自动控制

一、电力机车主电路的工作原理

电力机车控制系统的根本任务是控制列车运行速度，列车运行速度由机车加速度调节，加速度可由牵引电动机转矩与车轮轮周空气制动力矩控制。因此，机车自动控制系统的基本任务是控制电机与空气制动系统。为了充分理解相控电力机车的自动控制系统及控制方法，我们先回顾一下相控电力机车主电路的工作原理。

（一）牵引工况

机车牵引工况下，牵引电机做电动机运行，由上述特性可知，整流器输出端电压主要用来克服电动机的反电势。对于多段桥相控机车，整流器输出端电压由二段或三段桥组成，随着机车运行速度的增加，电动机的反电势也增加。整流器输出端电压需要投入第二段或第三段桥方可克服电机反电势。

当电动机电压达到最大限压，而电枢电流小于额定值时，为了充分发挥机车功率，可以实施磁场削弱。当磁场削弱至最深时，由于此时电压仍然维持最大，则电动机电枢电流便随电动机的自然特性下降，此时电动机按自然特性运行。机车自动控制系统的作用是不断地自动调节整流器输出电压，使机车在牵引阶段加速到手柄给定速度。

（二）制动工况

在制动工况下，牵引电机做他励发电机运行，以便在较大的范围调节制动力，方便控制列车运行速度。

在纯电阻制动时，制动转矩随机车速度的下降而减小，因而制动过程中需不断地调节励磁电流使磁通上升，以维持制动转矩基本不变。当励磁电流达到最大值时，磁通也维持最大。为了提高低速时的制动力，可以用外加整流电源来补足，维持低速时的制动电流不变，即所谓的加馈电阻制动。

机车牵引控制或制动控制都是由机车电子控制系统或微机控制系统来完成的，司机只需给定级位，系统将按照所对应的速度进行自动控制。在机车电子系统中调节器是一个重要元件，起着关键作用。调节器主要有比例调节器、积分调节器和比例积分器（PI 调节器），由于 PI 调节器一般既能使系统的稳态误差为零，同时又可得到满意的动态性能，因此，在电力牵引闭环自动控制系统中应用非常广泛。PI 调节器由高放大倍数直流运放和反馈电容串反馈电阻组成，其输入为给定信号与反馈信号比较后产生的差值信号，偏差信号送入调节器，通过对反馈环节进行充电或放电来调节运放的输出。

二、电力机车恒流控制系统

系统的输入是司机发出的指令——给定电流值，这一给定电流值在误差检测器处与牵引电动机实际电流的反馈信号进行比较，偏差信号作用在电流调节器上，经调节后送到晶闸管的移相触发线路中，调节整流电路输出电压的大小，使牵引电机电流趋于给定电流值。需要注意的是，在这个控制系统中，给定电流信号是通过司机控制器的电位器给出的一个代表电流大小的电压值，而不是电流值。

三、电力机车的恒流启动与恒速运行控制系统

根据机车自动控制的要求，机车上可以分别装设恒流启动与恒速运行两套独立的自动控制装置，为了简化控制系统与设备，通常将两套自动控制装置合并起来组成具有电流调节器的速度自动调节系统。

在双闭环控制系统中，速度反馈为外环是主反馈，电流反馈为内环是局部反馈。电流反馈可以保证系统在启动时，以所需的最大启动电流做恒流启动控制，从而大大缩短机车的启动时间。当启动过程结束，机车速度达到给定值时，速度调节器发挥作用，使机车在给定速度范围内做恒速运行。

SS 系列相控电力机车除采用速度与电流的双闭环控制外，还采用电压的限制环节作为辅助控制。电子控制部分由电子柜或微机柜来完成，其作用是进行比较计算、数值变换由偏差值控制晶闸管的导通角，以达到机车恒电流启动、准恒

速运行，电机限制端电压的控制目的。

SS 系列相控电力机车闭环控制系统多了一个电压限制环节。这主要是因为机车牵引变流器的输出有裕度，远高于牵引电机绝缘结构决定的额定电压，加上限制电压环节起到超压保护作用，同时从电机额定电压到限制电压为线性调整，此时电机电流线性下降，可充分利用电机的恒功率范围。

第三节　SS4 改型电力机车的自动控制

一、自动控制过程说明

SS4 改型电力机车有 A 组电子控制系统和 B 组电子控制系统。其中 A 组控制系统为闭环控制，B 组为开环控制。在正常情况下由 A 组工作控制机车运行，B 组为故障工况的后备控制。A 组控制系统可以实现对机车的牵引控制、制动控制及空转 / 滑行保护控制。

（一）牵引控制

由主台牵引用电位器 W1 或调车用电位器 W3 二者中取最大值形成牵引级位指令 α，α 与机车速度反馈信号一起输入至牵引特性形成环节。其输出经给定值积分器后进行脉宽调制，调制成幅值为 110V 的调制波，调制波送至本务机车及重联机车的解调环节，经解调后又还原成给定值积分器输出的直流电压信号。该电压信号与黏着限制环节的输出比较取最小值即形成牵引给定电流信号 I_s。

当电机电流大于某规定值后，轴重补偿环节就会产生电流差值信号，此信号只加于前转向架，以达到前架减载的目的。I_s 信号经空转保护系统后即成为 I_{ss} 信号，无空转时 $I_{ss}=I_s$；当发生空转时，空转保护系统的减载功能起作用，I_{ss} 瞬时下降，然后再按一定的上升率回升，回升后仍有空转时则再次下降，直至空转被抑制。

正信号 I_{ss} 与负的电机电流反馈信号 I_M 输入至电流调节器，二者不断比较，有差别则有负输出。该输出经倒相后即产生移相信号 U_{E1}、U_{E2}、U_{E3} 经移相电压变换环节后成直流控制电压 U_{e1}、U_{e2}、U_{e3}，该电压与交流同步移相电压比较，其交点决定了主整流装置晶闸管移相角的位置。由于 U_{e1}、U_{e2}、U_{e3} 是顺序衔接的，所以三段桥能顺序开放。

在调压过程中，随着电机电压的不断升高，其反馈信号 U_M 上升。当电机电压达到最大电压限制值 U_{Mmax} 时，最大电压限制调节器的输出小于电流调节器的输出。由于最小值环节的作用，调节第二段、第三段的移相角，使电机电压维持在最大限制值。电机电压达到限制值后，如需继续提高机车速度，则要进行磁场削弱。

（二）制动控制

主台制动电位器 W2 送出制动级位指令。由于制动时是从高速到低速，手柄从高级位到低级位，为此先将 W2 的输出值反比例转换成制动级位信号 α。该级位信号与机车速度反馈信号一起输入制动特性形成环节，其输出与最小制动电流给定信号比较后取最大值，再经给定值积分环节，然后经调制、解调，再与最大制动电流限制曲线比较，取最小值即形成制动电流给定信号 I_s。

I_s 信号经滑行保护系统后即成为 I_{ss} 信号，该信号与制动电流反馈信号 I_M 输入至磁场电流调节器，I_{ss} 与 I_M 比较后决定调节器的输出，该输出经倒相后形成移相信号 U_{E4}，再变换成直流控制电压即可控制励磁桥的移相角。同时逻辑环节还送出一个信号至电枢调节器使之封锁。

随着机车速度的降低，励磁电流也不断增加。当达到最大励磁电流限制时，最大励磁电流限制调节器开始工作，磁场调节器不起作用，逻辑环节解除送至电枢调节器的封锁信号，使其工作。同时逻辑环节还送一个信号至磁场调节器使之饱和，以保持最大励磁限制调节器工作，使励磁电流一直为最大值。

电枢调节器输出经倒相后产生 U_{E1}，经移相电压变换环节后与同步电压比较，其交点即决定了第一桥的开放角，此时机车进入加馈电阻制动工况。

（三）空转／滑行保护控制系统

系统通过对机车轮对转速的测量及对转速信号做一次、二次微分处理（速度差和加速度），检测出各转向架空转／滑行程度，并据此产生校正信号，使各转向架电流自动减少 10% ~ 20%，同时自动撒砂，从而有效地抑制空转/滑行；之后系统能以适当速度及特性恢复电机电流，寻找新的最大黏着点，减小牵引力或制动力损失。系统设有两个给定电流记忆环节，使机车尽量运行在最大的黏着值附近。

空转/滑行保护系统可保证机车在任何轨面启动、加速、制动运行时均不会擦伤车轮及钢轨，不会发生牵引电机超速。机车运行在有可能发生空转/滑行的区段时，由于空转/滑行保护系统的投入，可以使机车平均黏着利用系数提高5% 以上。

二、各环节的功能简介

牵引特性形成环节。该环节的功能是使机车在牵引工况下运行时具有恒流启动和准恒速运行的特点。

制动特性形成环节。该环节的功能是使机车在制动工况下运行时具有准恒速运行的特点。

给定积分跟踪环节。牵引与制动工况公用该环节，该环节作为一个缓冲环节，可以防止由于给定信号突变时引起的电流冲击。

黏着限制环节。该环节的作用是可以使机车运行过程中牵引力不大于黏着限制线而破坏黏着。

制动电流限制环节。该环节的功能是使机车在制动工况下运行时的制动电流受到限制。

轴重转移电气补偿环节。该环节的功能是使机车电机电流随轴重转移而变化，从而达到黏着不被破坏的目的。

空转/滑行保护环节。通过该环节，机车可以在任何轮对发生空转时削减相应转向架牵引电机电流，使空转/滑行被抑制，然后又可以使电机电流缓慢回升，寻找下一个黏着极限值。用这种方法可以使轮对在较高的黏着值附近运行。该环节还有自动撒砂功能，是维持机车牵引力所采取的辅助手段。

最大电压调节器环节。该环节的功能是通过调节第二段、第三段桥的晶闸管移相角使牵引电机端电压维持在最大限制值。

电枢调节器环节。该环节的功能是自动调节电机电枢电流值，使其不过载。

控制逻辑环节。该环节的功能是形成三段桥顺序开放的逻辑信号。

磁场调节器环节。该环节的功能是当机车在制动工况运行时，通过调节励磁电流来调节电阻制动的制动力，使机车具有准恒速的特性。

最大励磁电流调节器环节。该环节的功能是当励磁电流达到最大值时一直维持不变，机车制动力的调节由制动来控制。

移相电压变换环节。该环节的功能是形成移相信号，该信号与同步移相信号比较后可以决定晶闸管控制角的大小。

同步移相信号环节。该环节的功能是使控制系统产生的触发脉冲信号与被控制的信号同步。

调制环节。该环节的功能是对本务机车的电流给定值进行定频调宽的 PWM 调制。脉冲宽度对应给定值，电平为蓄电池电平。

解调环节。调制脉冲经各机车独立解调后形成原司机给定模拟量。

三、控制系统的总体功能

A 组闭环控制系统有以下两方面的控制功能。

（一）牵引控制

对三段桥顺序开放控制，具有电机电压最大限制。当电机电压达到最大值后，可以进行有级磁场削弱。

具有恒流、准恒速的控制特性。在黏着限制范围内，机车先按特性的平直段恒流启动（150X），待机车速度升高进入特性的斜线段即准恒速控制区（600X–54v）后，机车按准恒速运行，同一级位速度变化范围约为 10km/h；1096A 为牵引电机限制电流。最后输出电流取三者中的最小值。

（二）制动控制

加馈制动控制。当机车速度较高时，首先调节励磁电流来调节制动力。随着机车速度降低，励磁电流达到最大值限制后，自动转入调节加馈整流电压来调节制动电流，从而实现机车制动力调节，即进入加馈制动状态。

第四节　直流电力机车微机控制系统

一、微机控制的特点

电力机车采用微机控制与以运算放大器为基础的模拟电子控制相比，主要有以下特点。

通用性强。硬件基本通用，依靠软件灵活性来满足不同车型不同的控制要求。

可靠性高。数字控制，使用冗余设计技术。

自动化程度高。充分利用计算机的逻辑判断功能，部分代替司机的工作。

容易实现重联控制。利用网络通信技术，满足机车不同编组方式控制要求。

功能强。除牵引、制动控制功能外，容易实现自动过电分相、保护和空电联合制动等功能。

故障诊断和记录功能。能实现机车出库前的检查诊断，运行中随机诊断并记录各种传感器信号，当故障发生时能保存故障发生前后所有模拟量和数字量数据，机车回库后可进行故障原因分析。

微机控制的优点可以概括为：通用性、灵活性、重现性、可靠性和智能性。

二、车载微机的控制结构

电力机车微机控制系统是一个多 CPU，分级实时控制系统。一般采用三级结构，级间通信采用 RS-485 标准，CPU 为 8031。

（一）人机对话级

CPU 为 80486，采用 C 语言编程以提高屏幕响应速度，实现人机对话功能，如时钟调整、累计参数设置、轮径修正、监控信号的选取、故障记录查询及自检项的选择和各种工况参数、自检结果及参数的显示等。

（二）机车特性控制级

CPU 为 80C186，采用 FUPLA 功能块语言编程，以提高编程效率和程序的可靠性，便于以程序段的形式移植到其他类型的机车上。

（三）变流器控制级

CPU 为 80C196，采用汇编语言编程，以满足晶闸管快速实时控制的需要，担负晶闸管触发脉冲控制。

三、微机控制系统工作原理

机车微机控制系统采用速度与电流双闭环，电压限制作为辅助手段，其中，微机控制系统的作用是进行比较计算、数值变换——由差值去控制整流晶闸管的导通角，以达到恒电流启动、恒速运行、电机限压等控制目的。

微机控制系统由传感器取得各种模拟信号，经信号调整板使其值适合于模 / 数转换（A/D）的范围，再供 CPU 采样；数字信号经光电隔离后送 CPU；计算机根据预定的程序对这些模拟量和数字量进行处理和监测，再经数 / 模转换（D/A）输出模拟控制信号；经脉冲控制器、信号调整和功率放大，输出晶闸管触发所需的脉冲；通过键盘和显示器进行人机对话，司机可从显示屏中获得机车的各种信息。

第五节 交流电力机车的微机控制

一、电力机车交流转动的特点

随着旅客运输快速化、高速化，货运运输重载化、快捷化的发展，对现代列车提出了高速、大功率的要求。要求提高牵引电动机转速、增加单机功率。由于直（脉）流牵引电动机受换向影响，从而限制了其功率和容量。相对于直（脉）

流牵引电动机，交流牵引电动机没有换向器和带绝缘的绕组，不存在换向问题，具有结构简单、运行可靠、单机功率大、调速范围广等特点，能满足现代列车牵引传动系统对于高速、大功率的要求。

机车交流传动系统是指采用交流牵引电机作为驱动设备的传动控制系统，主要有交—交传动、交—直—交传动和直—交传动 3 种形式。交流传动的本质特点是采用交流牵引电动机，与传统的直流串励牵引电动机驱动系统相比，有以下特点。

（一）结构简单、转速高、可靠性高、维修简便

由于三相异步电动机结构中无换向器和电刷装置，所以相同功率的电机，异步电动机的体积小、质量轻，使机车转向架簧下质量减小，在机车过曲线时，轮轨之间侧向的压力相应减小，有利于机车高速运行。

由于异步牵引电机体积小，便于选择合适的悬挂方式，简化了转向架结构。除轴承外没有摩擦部件，密封性好，防潮、防尘、防雨雪性能好。全部电气均采用 H 级或 F 级绝缘，绝缘性能和耐热性能好，故障率低，可靠性高。

控制装置采用模块化结构，故障率低，驱动系统的全部运行过程和控制过程均由无触点的电子元件完成，不存在交直流传动系统中经常发生的触点磨损、粘连、接触不良和机械卡滞等问题。

（二）功率大、牵引力大、机车可以发挥较高的输出功率

异步牵引电动机无换向器，空间利用好，不存在换向问题，高速行车时电机的效率也比较高，有利于机车功率的提高。再生制动时也能输出较大的电功率。目前，异步牵引电动机的单机设计制造水平可超过 2000kW，装车最大功率达到 1840kW，运行转速为 4000r/min，最高试验转速为 7100r/min。而直流（脉流）牵引电动机由于受换向条件和机械强度的限制，其功率不能超过 1000kW，转速只能达到 2500r/min。

（三）黏着性能好

异步牵引电动机有较硬的机械特性，当某电机发生空转时，随着转速的升高，转矩很快降低，具有很强的恢复黏着能力。当空载发生时，异步牵引电动机

转速上升值不大，即使是同步转速，与原工作点的转速差一般也不会超出 5%。串励牵引电机则不然，由于是机械软特性，转矩变化一点，转速就会变化很大，空转后再黏着性能差。

异步牵引电机的工作点可以很方便地进行平滑调节，以实现最大可能的黏着利用，不会出现黏着中断现象。根据检测有关黏着控制的信号，准确、迅速地改变逆变器的输出电压和频率，寻找最佳工作点，使驱动系统既不发生空转，又能发挥最大牵引力。

异步牵引电机可实现各轴单独控制，当某台电机发生空转时，可调节该台电机，以充分利用机车的黏着性能。在交—直传动系统中，当某轴空转时，需要将所有各轴电机减载，从而降低了机车的牵引能力。

（四）减少了对信号和通信设备的干扰

交流传动电力机车，应用四象限脉冲整流器作为输入端变流装置，不仅改善了接触网的功率因数，而且也从根本上保证了流过接触网的电流波形不会发生畸变，消除了对信号和通信设备的干扰。

综上所述，交流传动电力机车具有牵引力大、恒功率范围宽、黏着系数高、电机维护简单、功率因数高、等效电流小等诸多优点，是目前我国铁路发展的必然趋势。

二、交流传动电力牵引技术组成

现代列车的控制是由挂在列车通信网络上的多微机系统来实现，它包括电力机车和动车组动力车中的微机系统和中间车辆上的微机系统。它们各自耦合在机车车辆总线上，通过列车总线相互交换信息和数据。交流传动的控制装置也是通过总线获得所需要的指令和状态反馈信息，并发送控制信号。

交流传动电力牵引技术主要由核心层技术、辅助层技术和相关层技术 3 部分组成。核心层技术主要包括：牵引变频器技术、牵引控制及其网络技术、交流牵引电动机技术和牵引变压器技术。辅助层技术主要包括：冷却与通风技术、辅助变流器技术、控制电源技术、保护技术和电磁兼容与布线技术。相关层技术主要包括：操纵技术、车体轻量化技术、转向架技术、空气制动技术和高压检测技术。

三、交流传动机车的工作原理

交流传动机车是指由各种变流器供电，以三相异步电机或同步电机作为传动电机的电力机车或电动车组。主要有交—直—交型电力机车和直—交型电动列车以及交—直型电力机车电气线路。

（一）交—直—交型电力机车

1. 交—直—交传动系统结构及类型

交—直—交传动系统主要由牵引变流器、牵引电机、微机网络控制单元等部件构成，交—直—交型电力机车采用交—直交变流器将恒压恒频的单相交流电变化为变压变频的三相交流电，供三相牵引电动机使用，并满足机车调速的要求。

交—直—交变流器根据中间直流环节滤波元件的不同，可分为电压型、电流型两种。如果采用并联电容作为储能器，接受向中间回路供电的瞬时电流与从中间回路取用的瞬时电流之差，并使电压保持恒定相当于一个电压源，称为电压型变流器。如果采用串联电感作为储能器，接受向中间回路供电的瞬时电压与从中间回路取用的瞬时电压之差，并使电流强度保持恒定相当于一个电流源，称为电流型变流器。

在电力牵引领域主要有两类传动系统：电流型变流器供电的异步电动机系统和电压型变流器供电的异步电动机系统。由于电压型变流器供电的异步电动机系统，其转矩脉动以及对电网的反作用力小，适合于大功率的机车，因此，干线交流传动电力机车普遍采用这种系统。

2. 工作原理

电力机车和电动车组均为外接能源的动力系统，电力机车和动车组通过受电弓、主断路器将接触网的单相交流电引入机车变压器，经牵引变压器降压后送入四象限整流器，将单相交流电整流为直流电，经中间直流环节储能和滤波后，送入电动机侧的逆变器，将直流电逆变成电压和频率可调的变压变频三相交流电供给异步牵引电动机，实现对转矩、转速的控制。牵引时，电能从电网流向异步牵引电动机，电能被转化成机械能产生牵引力。在电气制动时，列车的机械能被牵引电动机转化为电能，经变流器变换为单相交流电，通过牵引变压器升压后回馈给电网。电气制动采用再生制动方式，机车功率因数接近于 1。

（二）直—交型电动列车

直—交型传动主要应用于地铁、城轨和中低速磁悬浮列车中。直—交型电动列车采用直流供电、交流异步电动机驱动。

直流电源通过受电弓或第三轨从电网引入，经高速断路器、滤波电抗器接入逆变器。逆变器将输入的直流电能变换成频率、电压可调的三相交流电，供给三相异步电动机，将电能转换为机械能，并对异步牵引电动机的转矩、转速进行控制，满足列车牵引的需求。

地铁、城轨列车采用的三相异步牵引电动机在结构上有旋转式和直线式两种形式。

1. 旋转电动机驱动的地铁、城轨列车

为了提高乘客的舒适度，城轨动车采用直流供电、交流异步电动机驱动，牵引逆变器在列车给上钥匙，受电弓升起，高速断路器闭合时，给出牵引命令后，牵引控制单元通过限流电阻对线路滤波模块的电容器充电。当电容器电压达到一定值后，闭合线路接触器。在牵引时，从接触网受流，通过高速断路器后，将DC1500V送入牵引逆变器。牵引逆变器采用脉宽调制模式，将DC1500V逆变成频率、电压可调的三相交流电，供给鼠笼型异步牵引电动机，对电机进行调速，实现列车的牵引、制动功能。再生制动时以相反的路径使电网吸收电机反馈的能量。

牵引逆变器是整个传动系统的核心。在牵引工况将直流电能变换成电压和频率可调的交流电能供给牵引电机。在电制动工况下，电机作发电机运行，逆变器以整流方式将电能反馈给直流电网（再生制动）或消耗在电阻上（电阻制动）。逆变器保护单元，其主要功能是用于电阻制动时调节制动电流的大小（电阻制动）。另一个功能是过电压保护，当逆变器的直流回路中有短时的过电压时，斩波器工作，通过它对电阻放电，待过电压消除后斩波器截止，这种过电压保护环节也叫"软撬杠"。线路滤波模块：由线路滤波电抗器和线路滤波电容器以及固定并联在滤波电容器上的固有放电电阻组成，为保证安全，要求在主线路断电后滤波电容器两端的电压在5min内降到50V以下。

充电限制环节：主要是防止过大的充电电流冲击使滤波电容器受损。

2. 直线电动机驱动的城轨列车

直线电动机相对于旋转运动的电动机来说，是一种做直线运动的电动机。直线电动机无旋转部件，呈扁平形，可降低车辆高度，能非接触式地直接实现直线运动，因此，不受黏着限制，可得到较高的加速度和减速度，噪声小，特别适合城市轨道交通。

（1）直线电动机基本结构

直线电动机可以认为是旋转电机在结构方面的一种演变。交流旋转电机有同步电机和异步电机，相应的直线电机也有直线同步电机和直线异步电机。在直线同步电机中，导轨上的转子磁场与列车上的定子磁场同步运行，通过控制定子磁场的移动速度来控制列车的运行速度。

直线异步电机可以看作将一台旋转的异步电机沿径向剖开，然后将电机的圆周展开成直线。由定子演变而来的一侧称为初级，由转子演变而来的一侧称为次级。由于列车在运行时初级与次级之间要做相对运动，为保证两极之间的磁耦合，在制造时将初级与次级制造成不同的长度。从制造成本和运行费用考虑，一般采用短初级长次级。城市轨道交通用的直线异步电机定子（初级）设置在车辆上，转子（次级）设置在轨道的感应板内。

（2）直线电动机工作原理

将旋转感应电动机在顶部沿径向剖开并将圆周拉成直线便成了直线感应电动机。在直线异步电动机的定子三相对称绕组中通入三相对称交流电，在气隙中将产生行波磁场。行波磁场切割轨道上的铝板，将在铝板中产生感应电流，此感应电流与气隙行波磁场相互作用，产生直线电动机的驱动力。

列车运行速度及运行方向完全由定子绕组中的行波磁场控制。改变三相交流电的电压和频率可以改变行波磁场的速度。改变三相交流电的相序可以改变行波磁场的方向。直线电动机的驱动属非黏着驱动，不需要和钢轨接触，可直接将牵引力作用于车辆，只要驱动力足够大，就可以在很大的坡道上运行。将直线电动机反向驱动，也可以产生制动力，没有机械摩擦，对轨道不产生磨损。直线电动机驱动系统启动加速性能好，转向架上不安装旋转电机和齿轮箱，空间较大，便于采用径向转向架等技术。目前，中低速磁悬浮列车及城市轨道列车一般采用直线异步电动机驱动。

3. 中低速磁悬浮列车

磁悬浮列车是利用同名磁极相斥、异名磁极相吸的原理工作的，其悬浮方式有两种：一种是推斥式，另一种是吸力式。

（1）推斥型是利用两个电磁铁同极性相对而产生的推斥力，使列车悬浮起来。推斥式磁悬浮列车车厢的两侧安装有磁场强大的超导电磁铁。当车辆运行时，超导电磁铁的磁场切割轨道两侧安装的铝环，在铝环中产生感应电流，并建立同极性电磁场，使车辆推离轨面在空中悬浮起来。但在静止时，由于超导电磁铁和铝环没有相对运动，铝环中没有感应电流和磁场，所以车辆不能悬浮起来，只能用轮子支撑车体。当车辆在直线电机的驱动下前进，速度达到 80km/h 以上时，车辆就直接悬浮起来了。

（2）吸力型磁悬浮列车是利用两个异性磁极相吸的原理，将电磁铁置于轨道下方并固定在车体转向架上，两者之间产生一个强大的磁场并相互吸引，列车就能悬浮起来。悬浮气隙较小，一般为 10mm 左右。吸力型磁悬浮列车无论是静止还是运动状态，都能保持稳定的悬浮。中低速磁悬浮列车主要采用吸力型，其推进系统为交—直传动，牵引电机采用直线异步电机 LIM，一般采用短定子、长转子结构。

（三）交—直型电力机车

1. 主电路的组成及作用

电力机车主电路一般由变压器一次侧电路、变流及调压电路、负载电路和保护电路组成。由于机车主电路的电压为牵引电动机端电压，电流为牵引电动机电流，因此，该线路具有电压高、电流大的特点，又称高压线路。

主电路的作用是产生牵引力和制动力，又叫动力电路。机车主电路要进行功率传递，其结构决定了机车的类型，同时在很大程度上也决定了机车的基本性能，直接影响机车性能的优劣、投资的多少、维修费用的高低等技术经济指标。

2. 机车主电路结构分析

衡量电力机车主电路性能一般从以下 4 个方面进行考察。

（1）调压方式

交—直型电力机车的变流调压方式主要有变压器高压侧调压、变压器低压侧调压、晶闸管级间平滑调压和相控调压。国产机车没有采用高压侧调压。SS3 型电力机车采用晶闸管级间平滑调压，自 SS3B 以后的车型均采用晶闸管移相调压。

（2）供电方式

牵引电机和变流装置的连接方法称为供电方式，供电方式可分为集中供电、半集中供电及独立供电。

集中供电是指由一套调压变流装置给所有的牵引电机供电。集中供电的特点是供电线路简单，变流装置的容量较大；当一组变流器故障时，将使整台机车的功率降低一半。

半集中供电电路机车主电路有两组变流装置，每组变流装置给一半牵引电动机供电，这种供电电路的特点是每组变流器的容量可以相对小一些，但当一组变流器故障时，也将使整台机车的功率降低一半。

独立供电就是一套变流装置给一台牵引电动机供电，若一组变流器故障时，仅切除相应的一台牵引电动机而不影响其他支路，HXD 型电力机车即采用独立供电。

（3）磁场削弱方式

机车上常用磁场削弱的方式有电阻分路法及晶闸管分路法两种。电阻分路法是在励磁绕组旁并联电阻使流过励磁绕组中的电流减小，达到磁场削弱的目的，通常用两个电阻实现三级磁场削弱。晶闸管分路法是在励磁绕组旁并联晶闸管，对牵引电动机的励磁电流根据要求的磁场削弱系数进行旁路，从而达到削弱磁场的目的。一般客运电力机车采用晶闸管分路法以实现无级调速。

（4）电气制动方式

电气制动分为电阻制动和再生制动两种方式。目前大功率电力机车都配备有电气制动。电阻制动时，一般将牵引电机接地，各牵引电机的电枢分别与制动电阻接成独立回路，各牵引电机的励磁绕组串联后由半控桥供电。电动机转为发动机运行，电能消耗在制动电阻上。为了提高低速时的制动性能，直流传动电力机车普遍采用加馈电阻制动。再生制动时，牵引电机励磁电路与电阻制动时相同，所不同的是电枢回路，变流器此时作为逆变器，将发电机的电能反馈到电网中去。变流器必须采用全控整流线路才能实现逆变要求，此外，在电枢回路中还应串联再生稳定电阻。

3. 辅助电路组成

电力机车辅助电路主要由供电电路、负载电路、保护电路 3 部分组成。供电电路由牵引变压器辅助绕组提供单相380V和220V交流电源，其中单相380V交流电通过分相设备分成三相380V交流电供给各辅助机组。采用列车供电的客运机车还设有列车供电电路，由牵引变压器供电（采暖）绕组提供870V×2单相交流电，经双路独立的不控桥式整流滤波后向列车提供DC600V电源，满足客车车厢空调、采暖、照明等电器的用电需求。由于列车供电电路相对独立，所以该电路设有独立的过载、短路及接地等保护。

负载电路包括三相负载和单相负载。三相负载主要有空气压缩机电动机、通风机电动机、油泵电动机，通过三相交流接触器控制其工作。单相负载主要有加热、取暖设备及空调，由转换开关控制其工作。

保护电路主要是在辅助系统发生过流、接地、过电压、欠电压和单机过载故障时，使相应电器动作，从而达到及时保护的目的。过电流是指电气设备过载、设备及电路短路引起的电流剧增。过电流容易造成电气设备的绝缘老化，设备烧损，严重时可引起火灾。过电流保护包括过载保护和短路保护两种。机车上通常采用断路器、自动开关和熔断器进行过电流保护。

短路保护一般采用高速自动开关或主断路器。机车变压器的一次侧设有过流保护继电器，当变压器一次侧或二次侧发生短路时，均引起变压器一次侧电流剧增，超过保护继电器动作值而使其动作，引起主断路器跳闸。相控电力机车采用直流传感器检测牵引电机电流，并将过载信号送入牵引过载继电器，此时不但要切断机车总电源，还要封锁电子触发线路。电气制动时，牵引电机过流也可用过载继电器，但一般不切断机车总电源，只切断励磁回路电源，同时封锁相应的电子触发电路。

辅助电路的过电流保护有两种方式：一种是辅助系统过流，通过辅助过流继电器，使主断分闸，切断机车总电源；另一种是辅组机组过流，断开相应辅机的空气开关，切断辅助机组电源。对于控制电路及其他部件（如电炉、电热玻璃等）的过载一般采用熔断器、自动开关等进行保护。

过电压是指对电气设备绝缘有危险的电压升高，它是由系统的电磁能量发生瞬间突变所引起的。机车过电压有大气过电压和操作过电压两种。大气过电压是由外部直击雷或雷电感应突然加到机车上引起的。操作过电压是由于电路本身的变化产生的，如切断感性电路、整流装置换相故障等引起机车内部电磁能量的震荡、聚集和释放。由于这两种过电压产生时，电压增长速度很快，以冲击波的形式出现，因而一般不用带有传动件的电器进行保护。

为了防止大气过电压带来的危害，在机车顶部装有放电间隙或氧化锌避雷器。当大气过电压袭击时，若电压大于放电间隙的击穿电压，则放电间隙被击穿成短路状态直接接地，将过电压的能量排泄掉，使其不致进入机车内部。由于放电间隙被击穿后不能恢复，引起变电所跳闸，故现在多用避雷器。

对于低于放电间隙击穿电压的过电压，则可以进入机车内部，仍能损坏机车内部的电气设备。另外，机车操作过电压及硅整流元件反向恢复过电压对电气设备也有损害。这两种过电压的保护采用阻容吸收电路。

阻容吸收电路由电阻与电容串联而成，并接在变压器二次侧绕组处。电容元件具有端电压不能跃变的特性，可抑制尖峰状过电压。为了避免电容与电感产生谐振现象，在保护电路中串入阻尼电阻。

除大气过电压和操作过电压外，机车运行中还会出现缓慢增加的过电压，如由于网压的波动有时会引起牵引电动机的电压超过额定电压。这种过电压增长速度比较缓慢，且幅值不是太大，因而危害也小些，不需要专设保护装置，仅靠仪表监视或给司机以某种信号（如装设过电压音响信号），引起司机注意，通过操作来消除。

4. 分相设备

在单相电流供电的电力机车辅助系统中，一般选用三相异步电动机作为辅助电机，因此，机车内须设有分相设备，以便将单相交流电变换为三相交流电供给辅助电机。分相设备有旋转式异步劈相机和辅助变流器两种。早期的电力机车辅助系统大多采用旋转劈相机向辅助电路供电，但这种供电方式存在噪声大、不节能，三相交流输出电压不平衡且随输入电压变化等缺点。随着电力电子和开关器件的发展，采用 IGBT 的辅助变流器正在替代传统的旋转劈相机，其优点是节能环保、高效、噪声小，三相输出电压平衡且稳定。

5. 控制电路

机车控制电路是一种逻辑线路，属于低压直流小功率电路，主要由司机控制器、低压电器、主电路与辅助电路中的各电器电磁线圈、联锁、开关等构成，通过司机台上的按键开关和司机控制器手柄位置操纵，完成对主电路、辅助电路中各电气设备工作的控制，从而实现机车牵引制动的操纵和控制。

控制电路是机车三大线路中最复杂的部分，就机车运行中出现的故障而言，控制电路中故障也较多。因此，熟练地掌握控制电路原理，就能在平时对机车进行全面保养，在发生故障时能迅速准确地进行分析与处理，以确保行车安全。

四、列车控制级

随着计算机技术、控制技术的不断发展，网络控制也在快速地进入电力机车控制系统。现代列车控制是由挂在列车通信网络（TCN）上的多微机系统来实现的，包括电力机车或动力车中的微机系统和拖车上的微机系统。它们各自耦合在机车或车辆总线上，并通过列车总线相互交换信息和数据。

动力分散的动车组和重联控制的交流传动机车也是通过采用列车通信网络（TCN）获得所需要的指令和状态反馈信息，并发送控制信号。交流电力机车的微机控制一般分为三级：在重联控制的列车或动力分散的电动车组中，列车控制级涉及与整个列车有关的给定值和控制变量。从司机所在的"本务车"发出的控制指令，通过列车控制级处理后传送到其他各机车或动力车中，实现统一指挥。

运行速度，避免在加速或减速时出现冲击，并且在目标制动时，能够迅速准确地停靠在站台上。列车控制级的输入信号来自司机操纵台，包括运行状态子指令、牵引或制动、前进或后退以及速度或牵引力给定值。其中，最重要的输入信号是牵引力或制动力给定值，它直接决定着列车的运行速度。在采用转向架控制及重联的情况下，列车控制级可以保证各个动力单元的负载均匀分配，而无须采取其他附加措施。

五、机车控制级

机车控制级涉及与机车或车辆正常、有效运行的所有功能。在设有列车控制级装置的机车上，机车控制级的主要任务是优化黏着控制，分配制动力，对牵引力和制动力进行处理后发送给驱动控制级装置。机车控制级主要功能如下：

限制冲击。通过限制牵引力或制动力给定值的变化，来提高列车运行的舒适性。

监视主要设备的过电流、过电压、欠电压、过热，必要时可切断主断路器。

通过保护逻辑控制，保证列车在接触网分相处的安全运行。

通过辅助传动控制装置，实现辅助机械的最佳控制方式。

对所测得电压、电流、速度、制动压力等实际数值进行处理。

在没有安装列车控制级的机车上，列车控制级实际上是机车控制级装置。它的任务是处理来自轨道感应装置的指令或给定值，变成驱动控制级装置所需的转矩给定值。此外，还对受电弓、主断路器和辅助传动机械进行控制，监视运行状态，实现人机通话。机车控制级装置一般采用冗余设计，一套装置出现故障，可由另一套装置继续工作，保证列车运行的可靠性。

六、驱动控制级

驱动控制级可以实现对每个动力单元的开环和闭环控制，包括牵引电机控制和牵引变流器控制。驱动控制级装置有以下基本功能：

输入端变流器。四象限脉冲整流器的开环和闭环控制。

负载端。牵引电动机控制，空转 / 滑行保护及黏着优化利用控制。

电动机侧变流器（逆变器）的控制。

变流器回路的监视与保护。

整个传动单元的故障检测与诊断。

七、列车信息系统

现代列车的控制和诊断功能主要包含以下 3 种信息。

（一）控制信息

列车或机车控制的主指令：牵引力或制动力的给定值，来自机车的司机操纵台或列车自动控制装置。

控制系统和信息传输采取分层管理模式，列车控制级处于最上层，机车控制级处于中间层，驱动控制级处于最底层。控制信息在所有三级之间相互交换，部分信息还参与司机台、诊断及显示装置的信息交换。

（二）诊断信息

车载诊断包括发车前（停车状态下）的检测，以确定机车、车辆状态是否良好；在运行过程中对被控对象及相关装置进行功能诊断和记忆；在地面与其他设备连接做维修性诊断。车载诊断分为三级结构，各自提供相应的诊断信息。

（三）服务信息和语言信息

服务信息是指车厢控制与诊断中心，一方面是对本车厢的服务功能如车门的开闭，空调、照明、旅客信息系统等进行控制，另一方面对这些功能装置的特征量进行诊断和检测，并把结果通过列车总线传送到列车诊断中心。

语言信息是指旅客信息系统向旅客提供运行信息、通信、娱乐和其他服务。根据信息的结构、功能及传输特点，在列车通信网络中传送 3 类数据。

第六节　HXD3 型电力机车的特性控制

一、牵引特性控制

HXD_3 机车的牵引控制采用恒牵引力、准恒速特性控制方式。机车牵引力由恒定牵引力、最大牵引力和准恒速控制牵引力 3 部分组成。

（一）恒定牵引力启动阶段

在低速启动时采用恒牵引力控制，可获得较大的牵引力，充分利用黏着。机车牵引力按照司机控制手柄级位来给定。机车司机控制器每个级位的牵引力变化设定为 80kN。输出牵引力与级位成正比例的关系，当级位增加到 6 级以上时，输出牵引力受最大牵引力的限制。

（二）准恒速运行阶段

准恒速控制牵引力按照机车运行速度进行缩减，牵引力随着速度的增加线性下降，牵引力不能为负值。机车每级速度变化范围在 10km/h 以内，当机车速度达到 120km/h 时，将进行速度限制。牵引力按照特性控制时，对恒定牵引力、最大牵引力和准恒速控制牵引力进行比较，取最小值作为输出牵引力的控制值送入变流器。

二、电制动特性控制

HXD$_3$机车采用恒制动力、准恒速特性控制方式,当机车速度小于等于 60km/h 时,机车最大制动力限制为 400kN;当司机控制器调速手柄级位变化超过一个级位以上,机车电制动力进入低速限制区,机车速度从 15km/h 按照 36.4v–145.6 限制线下降,当机车速度小于 4km/h 时,机车将无制动力输出;当机车速度大于 65km/h 时,机车最大制动力按曲线 B=26000/v 进行限制,此区段为机车功率限制区。

机车制动力在上述范围内按该函数关系进行控制,制动力不能为负值,当计算结果为负值时,输出制动力为零。机车每级速度变化范围为 10km/h。

电力机车自动控制的主要目的在于缩短启动时间,充分利用黏着条件,运行平稳,同时使操作简单,减小司机劳动量,改善司机的工作条件。电力机车的自动控制系统有电子系统控制系统和微机控制系统。但不管何种控制,其控制策略主要有恒流控制、恒速(恒转矩)控制和特性控制。

电力机车采用微机控制主要有以下特点:

(1)硬件通用,软件灵活可变,提高了系统的可靠性;

(2)控制具有记忆功能,可以进行自检、故障检索和故障监控等工作,具有智能的特点;

(3)按一定的节拍时序工作,通过总线传输信息和数据。

微机控制的优点可以概括为:通用性、灵活性、重现性、可靠性和智能性。相控机车的微机控制系统是一个多 CPU、分时控制系统,分为人机对话级、机车特性控制级、变流器控制级三级控制。

第二章　铁路电力配电自动化技术

第一节　铁路电力配电网简介

一、电力负荷

铁路电力配电网是由公共电网供电，铁路部门自行管理的电力配电网络，主要由铁路沿线（变）配电所（站）、自动闭塞电力线路和贯通电力线路、低压变配电系统及配套电力设施组成，担负着为铁路沿线运输生产和生活供电的任务。

根据事故停电所造成的后果，铁路电力负荷分为下列 3 级。

（一）一级负荷

中断供电将造成人身伤亡事故，或造成铁路运输秩序混乱，在政治、经济上造成重大损失，或影响具有重大政治、经济意义的用电单位的正常工作。属于此类负荷的有：与行车密切相关的自动闭塞、信号机、电气集中、通信枢纽等；与场站相关的有调度集中、大站电气集中联锁、驼峰电气集中联锁、大型车站、消防设备以及医院手术室、局电子计算中心等。

（二）二级负荷

中断供电将在政治、经济上造成较大损失或影响重要用电单位的正常工作、影响铁路正常运输。属于此类负荷有非自动闭塞区段中小站电气集中、通信机械室、给水所、编组站、区段站、红外线轴温探测设备、医院、道口信号等。

二级负荷也应尽量采用双路电源供电或"手拉手"环网供电方式。

（三）三级负荷

不属于一、二级负荷的称为三级负荷。三级负荷可由一路电源供电。

二、电力配电所／分段装置开关房

（一）外部电源

铁路电力配电系统外部电源一般取自地方电源中带有 10kV 或 35kV 电压等级的变电所，有时也取自 110kV 变电所。为保证供电可靠性，一般情况下采用双路电源供电，分别引自不同的变电所。

（二）电力配电所

铁路电力配电所的典型电气接线主要由电源进线、主母线、母联、调压器、自闭、贯通馈出线以及其他馈出线等构成。客运专线的电力配电所采用室内配电所模式，高压开关柜采用充气式封闭开关柜，为带断路器的 GIS 成套设备。

（三）分段开关房

铁路电力配电系统在每个车站设置分段开关房。分段开关房采用两台变压器，一台为信号设备供电专用，另一台综合变压器为其他电力用户供电并为信号供电备用。分段开关房内的贯通高压分段开关采用高压环网柜结构，对贯通馈线分段，10kV 电源从自闭和贯通线路各引一路。低压主接线均采用双电源单母线母联断路器分段，正常运行时两路电源同时运行，母联断路器分断，当一路电源失电，母联断路器合闸，由另外一路电源为全所负荷供电。

在客运专线中，分段开关房采用电力远动箱式变电站。箱式变电站是将分段开关房内的高压受电、变压器降压，低压配电等功能有机地组合在一起，安装在一个防潮、防锈、防尘、防鼠、防火、防盗、隔热、全封闭、可移动的钢结构箱体内，机电一体化，全封闭运行，是继土建变电站之后崛起的一种新型变电站。客专电力远动箱变高压选用 SF_6 充气环网柜，一级贯通和综合贯通各一组三单元环网柜以及所有低压开关全部纳入远动系统，并将箱变的温度、湿度、烟雾、门禁等信息实时上传调度主站，通过 I–T 方式进行故障的判断和隔离。

三、普速铁路自闭贯通线路

（一）自闭贯通线路的特点

普速铁路的电力配电网络包括自闭线路和贯通线路，其中自闭线路负责对自动闭塞区段内的信号设备供电，贯通线路除给自动闭塞区段信号设备提供备用电源外，还可以给沿线各站及生产单位提供生产和部分生活用电。为了实现安全可靠、经济合理的供电，铁路自闭贯通配电网在系统构成和功能上与常规电力系统配电网有所区别。

普速铁路电力配电网的主要特点有：

第一，铁路电力配电网属于小电流接地系统，主要有中性点不接地和经消弧线圈接地两种方式，目前也有少数线路尝试采用中性点直接接地运行方式。

第二，自闭贯通母线出线少（一般不超过两条出线）。通常，自闭贯通母线只为一侧自闭贯通线路供电，只在少数情况下，才为两侧自闭贯通线路同时供电。

第三，自闭线和贯通线均为双端电源结构，正常工作时为单电源供电，当线路失压时由对端电源备投。

第四，供电线路长。10kV自闭贯通线的供电臂一般为40～60km，有的地方（没有合适电源或者跨所供电）供电臂长达70～80km。

第五，供电点多，供电负荷小。

第六，由于信号设备负荷较小，自闭贯通线路对地分布电容电流所占比重较大。有些地方为了消除分布电容引起的线路过电压，在线路中加有三相对地电抗负荷以平衡电容电流。

第七，系统接线形式是一个沿铁路敷设的单一辐射网，各变（配）电所沿线基本均匀分布且互相连接，构成"手拉手"供电方式，线路常为架空线，有时也有部分的电缆混合线路。

第八，运行环境差，地区偏远，维护困难。

第九，电压等级低，变（配）电所结构单一，但供电可靠性要求高。

（二）自闭贯通供电区间的运行方式

铁路电力配电网中作为主用或备用供电的（变）配电所出线断路器继电保护

的运行方式决定了该区间自闭贯通线路的运行方式。目前，常用的运行方式包括以下 4 种。

1. 备自投—重合闸模式

这种模式为最常用的工作模式。当发生永久性相间短路故障时，主供侧保护动作，主供侧出线断路器无时限速断；备投方经备投时间后备投，若备自投失败，则备供端出线断路器后加速跳闸；主供侧经重合闸时间延时重合。若重合失败，则全线停电。

2. 单备自投模式

当发生永久性相间短路故障时，主供侧保护动作，主供侧出线断路器无时限速断；备投方经备投时间后备投，若备自投失败，则全线停电。

3. 单重合模式

当发生永久性相间短路故障时，主供侧保护动作，主供侧出线断路器无时限速断；主供侧开关经重合闸时间重合。若重合失败，则全线停电。

4. 重合闸—备自投模式

当发生永久性相间短路故障时，主供侧保护动作，主供侧出线断路器无时限速断；主供侧开关经重合闸时间重合。若重合失败，则备投方经备投时间后备投，若备自投失败，则全线停电。

四、客运专线电力贯通线路

客运专线的电力配电线路均称为贯通线路，只是根据所接入负荷的不同分为一级负荷贯通线路和综合负荷贯通线路。客专贯通供电线路与普速铁路的自闭贯通线路有所区别，客运专线电力供电系统主要包括外部电源、一级负荷贯通线，综合负荷贯通线，（变）配电所、箱式变电站以及各类低压负荷等。相比普速铁路，对客运专线电力供电的可靠性要求更高，因此，系统采用两条贯通馈线给沿线的通信信号和其他用电负荷供电。一级负荷贯通线主要作为沿线信号，通信负荷的主用电源；综合负荷贯通线主要供给沿线各红外探测站，电气化站段等重要的小容量负荷及部分隧道，特大型桥梁照明、守卫等负荷用电，并作为沿线各信号通信负荷的备用电源。贯通线路采用全电缆线路，一级负荷贯通线采用单芯电缆，综合负荷贯通线采用三芯电缆。为补偿电缆线路的电容电流，保证电压质量，每隔一定距离并联箱式电抗器对其进行补偿。

五、客运专线电力贯通线路与普速铁路自闭贯通线路的区别

客运专线电力供电模式与普速铁路自闭贯通配电网存在一些差别，主要表现在以下方面。

客运专线电力供电系统主要包括电源进线（变）配电所、一级负荷贯通线、综合负荷贯通线，沿线各车站、信号中继站、桥梁和隧道供电等。供电系统结构较普速铁路电力供电系统更加合理。

客运专线供电可靠性要求更高，系统采用两条贯通馈线给沿线信号和负荷供电。贯通馈线采用全电缆供电，在不具备电缆敷设条件的地方也有采用一条架空线路和一条电缆线路供电模式，且采用环网开环运行供电模式。普速铁路电力供电多采用自闭和贯通两条馈线给沿线信号和负荷供电，多以架空线路为主，故障概率高。

普速铁路电力配电网信号电源通过 T 接形式连接到高压自闭贯通线路，而客运专线则采用沿线箱式变压变电站作为信号等负荷的供电电源，用高压环网柜作为 10 kV 综合负荷贯通线、10kV 一级负荷贯通线分段开关装置。贯通馈线可以在负荷供电点等接入点处以环网结构形式对长馈线分段，使得段间距离短，故障定位更加精确。

由于贯通线路长，且客运专线多采用电缆供电，故其对地电容电流较大。因此，客运专线贯通馈线每隔一段距离会加装并联电抗器，通过线路并联电抗器补偿线路的容性充电电流，限制系统电压升高和操作过电压的产生，保证线路的可靠运行。同时，当发生单相接地短路时，能够防止对地电容电流达到可能使接地电弧不能自熄的程度，从而导致更大范围的故障甚至永久性故障的发生，保证贯通馈线的可靠运行。

第二节　铁路电力配电线路典型故障分析

一、单相接地故障分析

所谓单相接地故障是指三相输电导线中的某一相导线因为某种原因直接接地或通过 T 型管、金属或电阻有限的非金属接地。

（一）中性点不接地系统单相接地分析

中性点不接地系统在正常运行时，各相对地电压是对称的，中性点对地电压为零，电网无零序电压。由于三相对地电容相同，在各相电压作用下各相电容电流相等并超前于相应电压 90°。

中性点不接地系统中发生单相金属性接地后，中性点电压上升为相电压。故障相对地电压为零；非故障相对地电压比正常相电压高 1.5 倍，即电网线电压；但系统的线电压仍然保持对称。

根据对称分量法分析，电网出现零序电压，即等于电网正常工作时的相电压。

非故障线路零序电流超前零序电压 90°；故障线路零序电流滞后零序电压 90°，即故障线路与非故障线路零序电流相位相差 180°。

（二）中性点经消弧线圈接地系统单相接地分析

中性点经消弧线圈接地系统在正常运行时的状态与中性点不接地系统在正常运行时完全相同，各相对地电压是对称的，中性点对地电压为零，电网中无零序电压。电压分析及各线路的电容电流分析基本与不接地系统相同。具体贯通线路电容电流在网络中的分布情况与没有加电感时一样，只是在短路点有电感电流流入，此电流与系统电容电流方向相反。

经过分析，可以得到中性点经消弧线圈接地系统发生单相接地故障时的特征如下所述。

（1）有消弧线圈系统发生单相接地故障时，消弧线圈的两端电压为零序电压；消弧线圈的电流通过故障点和故障线路故障相，不通过非故障线路。

（2）故障线路及非故障线路均通过零序电流。非故障线路总电流等于线路接地电容电流，不受消弧线圈的影响；故障线路零序电流的大小受到消弧线圈的影响，其等于所有非故障线路电流之和与消弧线圈补偿电流的差。

（3）非故障线路零序电流超前零序电压90°，不受消弧线圈的影响；故障线路零序电流与零序电压的相位关系受消弧线圈的影响，当系统采用过补偿方法时，故障线路零序电流超前零序电压90°，即故障线路与非故障线路零序电流方向相同。

二、相间短路故障分析

（一）三相对称故障分析

所谓三相对称故障是指三相输电导线中的三相导线因为某种原因相互短接或均与地短接。此时，供电系统三相仍然对称。

经过分析，可以得到系统发生三相短路时的特征如下所述。

（1）故障相电压降低，故障相有短路大电流，系统无零序电流和零序电压。

（2）各故障相在故障点前端的出线断路器和分段开关均流过短路大电流。

（3）各故障相在故障点后端的分段开关和出线断路器都未流过短路大电流。

（二）两相相间短路故障分析

所谓两相短路故障是指三相输电导线中的任意两相导线因为某种原因相互短接。

（1）故障相电压降低，故障相有短路大电流，系统无零序电流和零序电压。

（2）各故障相在故障点前端的出线断路器和分段开关均流过短路大电流。

（3）各故障相在故障点后端的分段开关和出线断路器都未流过短路大电流。

（三）两相接地故障分析

所谓两相接地故障是指三相输电导线中的任意两相导线因为某种原因均与

地短接。由于是不对称接地故障，因此，系统出现零序电流和零序电压。经过分析，可以得到系统发生两相接地故障后的特征如下所述。

（1）故障点前端故障相的各分段开关均流过短路大电流。

（2）故障点后端故障相的各分段开关均未流过短路大电流。

（3）整个系统有零序电压和零序电流。

三、非全相运行分析

电力系统某些元件一相或两相断开的非正常运行状态称为非全相运行。造成非全相运行的原因较多，如架空线路一相或两相导线断线，断线在落地的同时往往会造成接地短路。因此，非全相和短路大多同时存在，形成多重故障或复杂故障。下面只分析系统中一个地点非全相断开的分析，它是分析复杂故障的基础。

如果电力系统某处发生一相和两相断开的情况。那么在断口之间三相压降是不对称的，非断开相压降为零，断开相有一定的电压；三相电流显然也是不对称的。这是一种纵向的三相不对称，与不对称短路不同，后者是三相对地之间横向的不对称。当断线伴随接地时，系统存在零序分量；不接地时，系统不存在零序分量。

第三节　铁路电力配电自动化系统

一、铁路电力配电自动化系统的构成

随着铁路行车向着高速度、大密度的方向发展，对与行车安全性密切相关的铁路电力配电系统的供电可靠性要求越来越高。传统的监视控制方法，如人工调度、电话调度等方式，已经不能满足行车安全的要求。采用先进的配电自动化技术，实施远程自动监控和调度管理是铁路电力配电系统发展的趋势。

铁路电力配电自动化系统所包括的内容已经不仅仅指传统远动系统的"四遥"功能，按照功能和业务来划分，主要包括：铁路电力配电 SCADA 系统以及

远程抄表与计费自动化。

二、铁路电力配电 SCADA 系统

铁路电力配电 SCADA 系统分为调度端系统和被控站系统，其中被控站系统又包括：（变）配电所综合自动化系统、信号电源监控自动化和馈线自动化 3 个主要部分。

（一）（变）配电所综合自动化系统

（变）配电所综合自动化系统主要讲的就是调度端的系统原理结构及原理以及设备的组成。

1. 集中式调度自动化系统结构及原理

因为计算机硬件结构复杂和价格昂贵的限制，人们希望一机多用，最大地发挥计算机功效，出现的调度端系统配置多采用集中式，即计算机之间采用点对点的连接方式。集中式调度自动化系统的结构包括无冗余的单机系统和冗余的双机系统两种结构。

（1）无冗余的单机系统

最简单的配置方案是采用一台主数据处理计算机构成系统，由该主数据处理计算机连接人机接口设备和所有被控站，在这种配置方案中，主数据处理计算机是系统构成的核心，由其完成人机接口与被控站间的通信、数据处理、存储、打印等工作。由于系统的负荷集中在主数据处理计算机上，所以系统的响应比较慢，而且可靠性较差。

设置独立的通信控制计算机和人机联系计算机，从而降低了主数据处理计算机的工作负荷，系统的响应速度得以提高。其中，通信控制计算机实现与被控站间的通信数据处理；人机联系计算机控制操作界面的显示和人工输入的数据处理，并可以存储局部的显示信息，使之将显示变化所需要的响应时间减少到最短。但在该配置的系统中，如果任何一个关键性的计算机系统损坏，都会导致整个中央控制系统失效。其原因在于无冗余度的单机不论是整个系统的可用性，还是各子系统的可用性仅仅是取决于系统元件自身的可用性程度。

（2）冗余的双机系统

由于单机的可靠性已不能满足要求，冗余的双机系统越来越普遍地被用于铁

路供电远动监控系统中。冗余的双机系统通常由两台完全相同的主处理计算机和共用的切换设备等构成。平时一台在线计算机承担所有的功能，另一台处于热备用状态。当在线计算机故障时，自动进行切换，由备用计算机承担调度任务。备用计算机除了热备用方式外，还有离线工作方式，以便对平时的在线计算机进行维修或程序开发等工作。在双机自动切换时，共用的外部设备（如彩色屏幕显示器、制表打印机等）也一同切换到新的在线机，在新在线机控制之下工作。

另一种冗余的双机系统工作模式：在正常工作时两台计算机各承担一部分在线任务。其中一台承担较重要的且实时性要求较高的任务，称为"主计算机"，另一台承担较次要的但较复杂而且费时较长的在线或离线计算任务，称为"从计算机"。两台计算机之间有紧密的联系通道，当主机故障时，所有重要的基本功能都将由从机自动接替。此时，从机变成新的主机，暂时停止次要功能，直到故障修复为止。

冗余的双机系统的概念可以推广到由多台计算机组成的调度系统中去。只要这个系统是由两个对称的部分组成的，一部分承担主要任务，另一部分原则上处于对等备用状态，那么就可以组成一个广义的双机系统。

对集中式调度端系统结构，无论是采用冗余结构还是无冗余结构，均有以下特点：

①计算机之间采用专用接口的连接方式，计算机多采用小型计算机；

②一机多用，硬件资源节约，但软件的功能模块之间界面不清楚；

③扩展性差，可靠性差；

④信息交换困难；

⑤运行维护复杂；

⑥资源不共享，成本高。

2. 分布式调度自动化系统结构及原理

分布式调度自动化系统采用网络化结构，共享一套数据库管理系统、人机交互系统和分布式支撑环境。系统各网络功能节点可以集成在同一节点上，也可分散驻留于不同节点上，配置灵活。

该分布式系统结构具有以下特点：

（1）采用了客户 / 服务器（Client/Server，C/S）结构，其中请求服务的一方叫客户方，提供服务的一方叫服务器方。

（2）数据集中管理、安全可靠和数据一致性强，多用户共享主机系统的数据资源和外设资源，共享资源能力强，降低了系统成本。

（3）集成应用能力强，用户需要的各种信息都可在客户机上得到，用户可通过客户机交互工作界面，直接处理从服务器及其他客户机得到的数据，并产生新的有用信息。

（4）组网灵活，客户机配置灵活，增减客户机节点非常方便，这些都可通过维护软件设定来完成。

（5）可靠性高，当某一客户机节点故障时，并不影响整个系统运行。

（6）将 Web 浏览器技术运用于 SCADA 系统，扩大实时系统的应用范围。

（7）传统的人机界面将保留，主要供调度员使用，设在供电段、机务处等业务及管理部门的复视系统用标准浏览器通过 Web 访问服务器，实时监视整个系统的运行状态。

（8）把各项功能进一步分散到多台计算机中去，由局域网络（Local Area Network，LAN）将各台计算机连接起来。

（9）计算机之间通过 LAN 交换数据，备用机也同样连接在局域网络上，并可随时承担同类故障机或预定的其他故障机的任务，信息共享，设备共享。

（10）在硬件接口和软件接口中都遵循一定的国际标准或工业标准，使不同厂家的产品容易互连、容易扩充，形成开放系统。

3. 自律分布式调度自动化系统结构及原理

上述所给出的调度自动化系统无论是集中式还是分布式结构，都是采用一种自顶向下的设计方法：在软件体系结构方面，采用集中式的结构或客户/服务器的结构；在系统的可靠性方面，采用冗余备用方式。这些技术在一定程度上满足了监控系统的基本要求。然而，随着监控技术的不断发展和应用领域的不断扩大，对于大规模系统而言，在系统设计方面，不可能在设计阶段就一次性将各个部分、各个环节都考虑完整周全，即使能做到这一点，当系统的一部分改变时，整个系统也都将重新设计。

在系统体系结构方面，基于客户/服务器结构的监控系统，存在着系统负荷过于集中在服务器方的问题。随着系统规模的扩大、信息量的增多，必然会加大服务器的负担。严重情况下，会发生由于某时间段对服务器的访问骤增而服务器响应不及，影响了整个生产调度过程。在容错技术方面，目前的双机或多机冗余备用技术从根本上讲是一种防错技术，即防止错误的发生。在实际应用中，存在着成本高的问题。针对传统监控系统中存在的不足，可以采用自律分布系统技术来组建新型的监控系统。

（1）自律分布系统（Autonomous Decentralized System，ADS）是近几年才发展起来的一个概念。它打破了原有传统的集中式或分布式系统的C/S体系模型，提出了一种新型的系统框架。在自律分布系统中有两大特性：自律可控性和自律可协调性。利用这种系统概念组建的系统较好地保证了在线扩展、在线维护及容错，这些特点与不断发展变化的监控系统的要求非常吻合。

（2）ADS的基本特点：定义自律分布系统有两个前提：一是系统中有故障是正常现象；二是系统是由子系统组成。首先必须存在子系统。整体系统是不能事先定义的只能定义为子系统的集成。其中，某些子系统可能处于故障状态、正在进行改进或维修。因此，若一个系统满足以下两点要求则可称为自律分布系统。

①自律可控性：系统中有任何子系统出现故障，正在维修或刚刚加入，这都不能影响其他子系统的自我管理及功能的运行。

②自律可协调性：系统中有任何子系统出现故障，正在维修或刚刚加入，其他子系统之间能够协调各自的任务并以协作方式运行以实现各自的功能。

正是这两个特性保证了系统的在线扩展、在线维护和容错。因此，要求每一个子系统都能"智能"管理自己而又不干涉其他子系统的事务，并且也不受其他子系统干涉，同时它还能和其他子系统进行协调工作。自律可控性和自律可协调性的实现反过来又要求每个子系统必须满足以下3点：平等性。每个子系统都能管理自己并不能被其他系统管理，子系统之间没有主从关系。局部性。每个子系统在只依靠本地信息的情况下就可以管理自己并与其他子系统进行协调。自足性。每个子系统管理自己和协调其他的功能是自足的。以上三个特点表明了即使其他子系统都出现故障或者终止了与某子系统的通信，该子系统仍能进行工作。

4.调度端系统硬件设备组成及功能

铁路供电调度自动化系统的调度端完成远方操作及监视的功能，能正确和及时地掌握每时每刻都在变化着的铁路供电系统设备的运行情况，处理影响整个铁路供电系统正常运行的事故和异常情况；对所有数据进行分析、处理、存储及打印，以友好的人机界面向调度员显示并转发给其他系统，实现信息的共享。

调度端是调度自动化系统的重要组成部分，是其指挥的中枢，其核心工作包括 3 大部分。

（1）信息的收集和传输：完成调度端和被控端之间的信息交换。

（2）信息的处理：把从被控站得到的信息进行分析、处理、存储、打印。

（3）人机接口：把各种信息以友好的人机界面向调度员展示，并且调度员可以完成各种调度操作。

调度端功能的完成是靠调度端的各类设备来实现的，下面给出调度端的硬件设备组成及其功能。

5. 通信前置机

通信前置机作为远动监控调度端系统与被控站联系的枢纽，在远动监控系统中起着非常重要的作用。一方面，它接受远方被控站上送的各种报文数据，通过预处理后转发给数据服务器以及调度员工作站进行处理；另一方面，前置机接收服务器和其他工作站传递过来的操作命令，传递给远方被控站执行。通信前置机作为远动监控系统中承上启下的通信枢纽，其性能对整个远动监控影响很大。如果通信前置机的性能较差，则会成为远动监控系统的"瓶颈"。

6. 数据服务器

数据服务器作为调度端系统的核心部件，其主要功能为处理和存储调度自动化系统所控制和管理对象的特征数据、运行数据，管理并维护系统所用的所有静态数据库和动态数据库，为网络上其他节点工作站提供全面的数据服务，并提供实时和随机打印服务。数据服务器系统的主要功能包括：

（1）远动监控应用服务：遥控处理、遥信处理、遥测处理、遥调处理。

（2）实时数据库服务：保存并保护有关远动监控系统运行所需的全局实时数据，并对调度端客户机系统提供数据服务。实时数据库包括画面显示数据、系统运行参数库、遥测数据库、遥信数据库、对象库以及各种实时报表、记录库。为了满足系统对实时响应时间的要求，实时数据库系统采用优化结构的自定义数据库，数据库访问高效快捷，并由实时数据库校验程序维护自身数据的一致性和正确性。

（3）历史数据库管理系统采用具有开放体系结构、基于客户 / 服务器模式的数据库系统，存储并维护系统运行产生的各种历史数据，用于长期的系统运行统计和事故分析。

7. 调度员工作站

调度员控制台是调度人员对铁路供电系统进行监视和操作控制用的交互型人机联系设备。台上一般配置有调度员工作站计算机、彩色显示器、操作键盘、鼠标、音响报警装置、IC 卡输入装置等。

调度员工作站计算机是专门供调度员进行人机交互操作的计算机，又称图形工作站或人机交互工作站。它一般采用工业控制计算机或工作站级计算机，可配有单个或多个显示器。调度员工作站内安装有画面显示和人机交互管理软件，主要用途是解决调度员人机交互的功能。调度员可通过在显示器上的用户画面和大尺寸显示设备对供电系统及其设备的运行状态进行实时监视。通过调度员工作站主要完成的功能如下所述。

（1）遥控功能：

①单控主要用于对被控站内的某一关设备的运行状态进行控制、自动装置的投切控制、二次回路的复归控制、保护定值切换等操作。控制方式有两种：一是遥控过程严格按"选择—返校—执行"的原则操作执行，确保控制操作准确可靠；二是单步操作（直控方式），复归控制采用直控方式。

②程控完成对被控站一系列开关设备按预定的顺序进行分合控制。程控分站内程控和站间程控两种。程控操作就其执行过程而言与单控相似，它是若干个单控过程的组合。程控的执行具有手动一次启动、手动逐条执行和条件自动（经人工确认）执行等方式。程控的编制采用表格定义方式，允许加入执行条件判断。在程序控制执行前首先自动检查各控制对象是否具备控制条件，若不具备程控条件，列出不具备控制的控制对象，并提醒值班人员注意。在程控过程中可以人为终止程控的执行。程控过程中的各项操作均具有超时监视、超时自复归功能；不具备控制权的调度员工作站可进行程控过程的动态显示及程控卡片查询等工作。

为了控制输出的安全性，调度员工作站还具有防止多重选择、选择超时监视等措施，当发生上述情况时，执行命令被屏蔽，不下发被控站，并给出相应的提示信息。

③复归操作对被控站声光报警、保护装置动作等信号可以进行复归的操作。该操作无遥信返回，操作完成后，系统给出操作输出执行的提示。

④手动置位操作可对开关进行模拟对位操作，并用不同符号或颜色区别于正常状态。当被控站或通道故障时，可将开关的运行状态设置为手动状态，相应开

关的运行状态可由操作员根据实际状态手动设置，以保持与被控端的实际运行状态一致。

⑤闭锁、解锁操作可对被控站内任何开关设备单个或批量的操作进行闭锁。当要对闭锁开关进行再操作时，必须先解锁，否则给出该开关已闭锁的提示且不能操作该开关。此外，还可对开关设备的遥感信号进行闭锁/解锁，使之成为不可信/可信对象。

⑥其他安全操作：调度员工作站还有其他一些安全操作，如挂地线操作，当进行该操作后即可实现对相关对象的闭锁操作。另外，系统考虑了基本的安全操作因素，自动闭锁不安全操作。此外，调度员还可以进行遥信、遥测闭锁操作等，这时停止对画面相关对象的实时信息刷新。上述复归操作、手动置位操作、闭锁、解锁操作等安全操作为单步操作。

调度员工作站通常采用双机冗余配置，在冗余互备的两台调度员工作站之间，遥控操作可采用互锁模式及双台监督模式。

互锁模式为确保对同一被控站，同时只有一个调度员对其进行发令控制。系统只设置控制令，在双台或多台调度时（包括分级控制）调度员只有申请并获得控制权后才能发遥控，调度员也可主动取消控制权或超时自动取消，确保系统安全。控制令可全系统设置一个，实现同时只允许一个调度席可发控制令；也可按变电所设置，实现同一时间只有一人对同一变电所实施控制；当然，控制令也可按被控点来设，实现对单一被控对象的互锁。若设有上级系统总调度员，则总调度介入操作时，具有最高权限，率先取得控制令。这是常用模式。

双台监督模式的此功能专为严格执行"一人执行一人监督"的规范操作而设，当两台调度员工作站之一发控制令时，需由另一台的授权确认，监督控制命令下发执行，同时系统完整记录控制操作及监督过程。

（2）遥信显示处理功能：

①正常运行状态监视：所有铁路供电系统被监控设备的运行状态均可以在调度端的显示器和大尺寸显示系统上进行显示。另外，被控站通信状态、调度主站设备状态也可以在显示器上进行显示。

②异常运行状态的监视：当铁路供电系统发生运行异常和事故时，如有跳闸，则相应的开关闪烁，并伴有音响报警（可手动复归），显示器上事故站主接线图自动跳出；同时在屏幕窗口显示事故内容细目，并打印记录。事故发生后，

操作员可使用鼠标确认事故。事故未被确认前，事故画面不可被关闭。如有几个站同时发生事故，在画面上按故障处理等级对故障站名排序，紧急故障优先处理；同一等级的故障以先后次序排序。当发生一般性故障即预告信号时，其处理与故障报警相同。故障报警与预告报警将发出有明显区别的音响。

③系统报警处理功能有报警一览画面、实时打印、存档及声光报警等。当供电系统及供电设备出现非正常运行或预告信号时，发出非紧急故障报警，出现事故时发出紧急故障报警，两种音响有明显区别，并提供警报确认、分类、归档及存储手段。报警可分为不同优先级，所有报警可根据不同的条件分别提取并显示、打印。

在调度员工作站显示器及大尺寸显示系统上能够实时显示供电系统主接线图、站场线路图、设备及线路带电状态等动态画面。显示开关符号的颜色通常为：合闸为红色，分闸为绿色。

调度员的操作菜单采用单幅画面整屏显示和整屏多窗口显示的两种方式提供给用户灵活选择。同时可以通过设置合理的输入校验，以防止调度员的误操作。当报警发生时，操作员可调出警报类型画面，判断警报情况，进行事故处理。系统提供事件记录、操作记录、报警记录，用于对各种信息的统计列表，用户可通过定义时间站名、对象、报警级别等内容方便地检索所需信息，且具有实时打印、随机打印等方式。

（3）遥测监视功能调度端系统可以对供电系统的电气运行参数进行实时采集并进行实时监视。

①显示处理方式。一是在调度员工作站显示器所显示的被控站主接线图上，以数字方式实时显示电流、电压及功率等测量参数。二是设置专用的图表画面用来显示遥测参数。

电流、电压、功率等曲线图：在同一曲线图上可以同时用不同的颜色来显示多条不同的相关模拟量以进行比较。在显示方法上提供多种用户自定义方式：如可以显示根据时间横坐标和单位纵坐标来定义等。

电度量直方图：可以同时用不同颜色显示有功、无功电度量。定期统计报表：系统按时（天、月、季、年）定期统计电度量、模拟量极值。对模拟量越限进行统计列表，内容包括越限出现、复限时间、持续时间、越限极值等。

②模拟量数据处理。阈值监视：系统只接收有效变化的值，被控站只有数值

变化超过指定的阈值范围时才传送给调度端,每个模拟量值的阈值域可参数化,阈值可在线设定或修改,并可通过数据库进行修改。刻度值处理:每个模拟量值具有通过数据库定义的特性曲线,它定义了测量值转换成工程值的规则。

越限报警:每个模拟量值根据数据库定义的四个限值可进行越限报警,限值包括上限、上上限、下限和下下限,并可进行变化率的报警检查。所有限值均可在线进行修改。每个量与正常值的偏差限值由数据库中定义。

最大和最小值的计算:对所定时间范围内,选出遥测点的最大和最小值,并存入数据库中。当所测量的参数出现越限时,在显示器画面该参数显示数值上给出底色提示,以提醒操作员密切注意该参数的变化情况。

③脉冲量数据处理。本系统可以对脉冲量进行如下处理:传送数值定义至数据库地址。增量、累加和刻度的计算。存储至数据库内。为电度量参数提供手动置数功能及置数后的日报、月报、年报的自动统计,并刷新数据库。

④越限报警对需要报警的遥测值设置上下限,当遥测量的值超过越限设定值时,发生越限报警。越限报警在细目窗口中显示文字,相应数据加底色显示,值班调度员可选择是否打印遥测越限记录。

(4)事件顺序(SOE):记录调度端系统对被控站系统所发生的一切事件都能够以毫秒级的时标精度进行记录,能够在调度员工作站上显示各个事件的动作顺序,并按顺序事件及时存档,存档保存时间可由调度员确定。然后可按站、时间、事项类型等多种方式检索历史记录。

(5)画面显示功能:调度员工作站可以显示系统的各种画面,其画面显示功能如下所述。

①系统采用全图形、多窗口化显示风格,可同时监视多幅画面,可以滚动显示画面。

②画面的背景有多种颜色可供用户选择。

③电气主接线图的动态显示,是智能化的,除原始信息从被控站获取外,其他所有动态显示的逻辑判断功能均是自动实现的。

④系统提供丰富的用户画面,配置各种图表显示方式。

⑤主要用户画面种类如下,用户还可根据需要方便地增加。线路示意图:以地理图方式显示供电线路走向及车站设置。供电系统示意图:动态显示供电系统的站点构成及供电方向。主接线图:实时动态显示被控站的电气主接线图及设备

运行工况，并且具备动态的拓扑着色功能。接触网线路图：动态显示接触网线路的走向及设备状态。供电臂图：显示电力配电系统中两个配电所间的 10kV 中压设备的分布及运行工况。系统运行工况图：可显示包括调度所设备、被控站设备、通道等在内的整个电力监控系统配置情况及各设备运行状态等信息。变电所综合自动化构成示意图：包括控制信号盘，间隔单元、所内监控网络等配置情况及各种模块运行状态等信息。程控显示画面：在主接线图中用鼠标点中程控操作菜单后，将显示该站的程控项目窗口。遥测曲线画面：显示各遥测量的趋势曲线。电度量直方图：显示有功电度量和无功电度量。统计报表：显示各种报表。

　　系统维护工作站完成整个调度端系统的数据建立及修改、人机界面画面建立 / 编辑 / 增减及修改、系统动态监视、环境参数设置、发布系统的一些重要命令、报表记录的查询转存、数据维护等功能。

　　在铁路供电调度系统中最早运用的大尺寸显示设备为模拟屏，主要显示供电系统的全貌和最关键的开关状态和运行参数，它是调度人员监视供电系统运行的传统手段。模拟屏是由马赛克块组成的，有不对位和灯光式两种。模拟屏能够全面地反映系统的运行状态，但占地面积较大，不易扩展，现已被大屏幕显示系统所替代。

　　除了早期应用的模拟屏设备外，大尺寸显示设备还可以由投影设备和屏幕组成，或者是 DLP（Digital Light Processor）大屏幕拼接屏组成，与调度员工作站可同步显示，对重要的报警信号，除了屏幕显示器有所显示外，还配以音响（语音）报警，以引起调度人员的注意。调度人员可通过语言报警直接听到报警的原因，使报警更加直观。大屏幕显示系统还可以显示视频信号，比模拟屏更容易扩展，显示方式更灵活。为了把模拟屏（大屏幕显示器）接到调度局域网上，一般还配有模拟屏（大屏幕显示器）控制器，可将模拟屏（大屏幕显示器）接入调度局域网。

　　复视终端不是装在调度室内而是装在远方。它可让未装中央监视系统的各级运行或管理人员监视所管辖的供电系统的运行状况，或作为上级主管和有关业务部门了解供电系统运行情况的工具。复视终端只具备监视功能，不具备控制功能。早期的复视终端需配置专用的复视应用软件，目前复视终端软件多采用标准的 Web 浏览器来实现，无须配置专用的复视软件。

（二）信号电源监控自动化

信号电源监控自动化功能为铁路电力配电自动化系统所特有，因为信号电源是为一级负荷铁路信号设备提供电源，其供电正常与否将直接关系到列车能否正常可靠地运行。对信号电源进行监控是实现铁路电力自动化和提高现代化管理水平的重要内容，信号电源监控自动化的主要监控对象是车站信号电源和区间信号电源。

（三）馈线自动化

馈线自动化，即以两个配电所间的一个供电区间为单位，以馈线开关为基本监控点，在正常运行工况下完成监控功能，在线路故障时完成故障检测和故障点的定位，以及实现快速隔离故障和快速恢复供电等线路自动化功能。

三、信号电源监控自动化

在铁路电力配电系统中，与行车控制密切相关的信号电源等一级负荷要求采用双电源供电。为了进一步提高双电源的运行可靠性，在双电源处设置自动化监控设置，将双电源的运行状态和远程控制纳入供电自动化系统的监控范围，这就是所谓的铁路信号电源监控自动化。铁路信号电源监控自动化可以帮助供电管理机构有效地、动态地掌握为一级负荷供电的供电线路和设备的运行状况，克服"盲管"现象，把工作做在故障发生之前，从而大大提高电力供电的可靠性。

（一）主要功能

信号电源监控自动化主要完成对信号电源的高、低压开关的远程监视和控制，以精确的曲线或波形显示方式对信号双电源供电状态进行监测，具体如下。

1. 远动功能

进行数据采集，完成信号机等一级负荷供电电源的监测及失压报警等多种功能。任何情况下同时显示两路电源数据及曲线。具体包括：

（1）遥信：自闭、贯通低压侧及高压侧开关状态等。

（2）遥测：自闭、贯通低压侧三相电流电压数据。遥测数据在调度端以曲线方式显示，曲线中数据点之间的间隔不大于 100ms。

（3）遥控：自闭、贯通低压侧及高压侧开关。

（4）SOE 事项。

（5）实时趋势曲线等。

2. 遥测越限及故障录波

遥测越限分为：一级过流、二级过流、三级过流以及一级过压、二级过压、欠压及失压告警等。

其中，一、二级过流作为告警事件，三级过流作为过流故障，需要进行故障录波。故障录波的波形共有 20 个周波（每周波 20ms），每周波 16 点或 20 点采样，共计 320 个或 400 个瞬时采样值。

3. 告警处理

有遥测越限告警信号时，信号电源装置通过专用的远动通道上报故障信息；平时由调度员进行即时检测或者巡回检测；可以显示实时数据，并以有效值形式反映在趋势图上，可打印输出。

4. 图形管理

信号电源图形管理分为：一级图（供电系统图）、二级图（两配电所间供电臂示意图）、三级图（车站图）；可由一级图调出二级图，二级图调出三级图。在二级图上可控制高压侧开关。

5. 参数远程整定

整定内容包括信号电源检测装置的通信地址、遥测越限值及时限，故障录波启动条件等。

6. 网络复视

通过远动主站与上级信息管理系统的连接，将信号电源监控信息实时发布出去，供相关部门和人员远方监视和调度。

（二）信号电源监控系统结构

信号电源监控系统可以算作铁路电力远动系统的一个特殊应用，除了其监控对象仅局限为铁路信号电源外，其结构与电力远动系统结构模式一样，由监控主站、通信信道及信号电源监控终端装置 STU（Signal Terminal Unit）三部分组成。

监控主站理论上可以单独设置，放置在车站或供电段调度室内。但从节约投资、优化系统构成、便于管理等角度考虑，一般都与电力远动系统调度端合并，使用同一个主站平台。

STU 装置负责在供电现场对信号电源进行数据采集和控制出口，所采集的遥测量包括电流、信号变压器二次侧电压；遥信量包括高低压侧开关状态，蓄电池状态等；遥控量包括高低压侧开关等。

STU 由远方终端监控器、智能电源、箱体等组成。远方终端监控器是 STU 的核心模块，其硬件电路主要包括数字量采集接口、模拟量采集接口、数字量输出接口、CPU 和通信接口；其主要功能包括遥测、遥信、遥控、越限告警、数据录波（包括主动录波、故障录波）、参数整定等，还要提供与上级主站的通信接口和自身的维护接口。

智能电源由充放电回路、蓄电池、供电输出等部分组成，主要为 STU 提供不间断电源，类似 UPS 的功能。为了确保 STU 在断电情况下还能可靠供电，智能电源还要与核心模块通信，监视蓄电池状态、充放电回路工作状态，控制蓄电池放电，以便对蓄电池进行活化以延长蓄电池的使用寿命。

STU 结构仅适用于普速铁路对单个信号电源进行监控的场合，随着远程终端单元（Remote Terminal Unit，RTU）技术的成熟及发展，用于铁路电力配电系统的 RTU 装置目前对每个遥测量的监测已具备常规 RTU 所不具备的越限告警、故障录波、参数整定功能。所以，普速铁路所专用的 STU 装置正逐步被大容量的、具备越限告警、故障录波、参数整定功能的 RTU 所替代。

第四节 铁路馈线自动化

一、馈线自动化设备

馈线自动化就是监视和控制电力配电系统中馈线的运行方式和负荷。当故障发生后，及时准确地确定故障区段，迅速隔离故障区段并恢复健全区段供电的馈线自动化是配电网自动化最重要的内容之一。铁路自闭贯通电力线路馈线自动化涉及的一次设备比较多，主要包括以下几种。

（一）断路器

断路器的基本功能是：能可靠地熄灭电弧且有足够的开断能力；迅速开断电路且动作时间要尽可能短。主要类型包括少油断路器、SF_6 断路器、真空断路器等。

（二）重合器

重合器是一种自身具有控制和保护功能的开关设备。它能进行故障电流检测和按预先整定的分合操作次数自动完成分合操作，并在动作后能自动复位或闭锁。

（三）负荷开关

负荷开关是铁路电力系统应用最广泛的一种配电设备。负荷开关按灭弧方式划分有 SF_6 负荷开关、真空负荷开关和油负荷开关等；按安装地点划分有户内式和户外式。

（四）分段器

分段器是一种智能化的负荷开关，它能和断路器或重合器配合使用。

（五）重合分段器（自动配电开关）

重合分段器是一种带有自动重合功能和智能判据的负荷开关，又称配电负荷开关，在日本配电网自动化中广为应用。其由开关本体、电源变压器、故障检测器 FDR 和控制器构成。它在判别线路一侧有电压另一侧没有电压时合闸，两侧都没有电压时分闸。它能分合负荷电流、关合短路电流，但不能开断短路电流。

（六）隔离开关

隔离开关又名隔离刀闸，是高压开关的一种，其主要作用是使停电设备与带电部分形成一个明确可靠且可视的电气隔离。多与断路器、重合器等配合使用。

（七）熔断器

熔断器也是一种电路开关设备，俗称保险丝，是人为设置于电路中的一个最薄弱导电环节，它依靠熔体或熔丝的特性使电路开断，相当于一种过流继电器保护装置与开断装置合为一体的开关设备。

二、馈线自动化的实现方式

在上述的一次设备基础上，馈线自动化有两种实现方法：基于重合器的馈线自动化和基于馈线远方终端 FTU（Feeder Terminal Unit）的馈线自动化。分别介绍如下：

基于重合器的馈线自动化又称当地控制方式，是采用重合器或断路器与分段器，熔断器的配合使用来实现馈线自动化功能，不需要建设通信通道，只需要恰当利用配电自动化开关设备的相互配合关系，就能达到隔离故障区域和恢复健全区域供电的功能。基于重合器的馈线自动化（当地控制方式）的优点是：故障隔离和自动恢复送电由重合器自身完成，不需要主站控制，因此，在故障处理时对通信系统没有要求，所以投资少、见效快。其缺点是，这种实现方式只适用于配电网络相对比较简单的系统，而且要求配电网运行方式相对固定。另外，这种实现方式对开关性能要求较高，而且多次重合对设备及系统冲击大。早期的配电网自动化只是单纯地为了隔离故障并恢复非故障区段供电，还没有提出配电系统自动化，当地控制方式是一种普遍的馈线自动化实现方式。

基于 FTU 的馈线自动化又称为远程控制方式，是通过负荷开关、馈线远方终端 FTU 加远动系统调度端的协同工作来实现。首先 FTU 检测所监视的馈线电流并判别各类故障是否发生，当监测到故障发生时将故障信息传送到远动系统调度端，由调度端根据相应的算法确定故障区段，然后由主站系统发遥控命令控制开关动作，完成故障隔离并恢复非故障区段供电。

基于 FTU 的馈线自动化可选择分布控制方式和集中控制方式。

（1）分布控制方式是指馈线远方终端 FTU 具有自动故障判断与隔离能力，通过互相之间的配合，将故障点隔离出配电系统。主要有电压时间型和电流计数型。铁路电力配电系统由于供电可靠性要求比较高，不宜选择这种方式。

（2）集中控制方式下，现场 FTU 将采集到的故障信息上送调度主站，由主站的应用软件模块经过协同运算分析后，得出故障隔离与恢复方案，再通过调度人员下发对开关的控制命令给 FTU 执行。一般分为三个层次：配电终端层（FTU）完成故障信息的检测和上送；配电子站完成本区域的故障处理和控制；主站完成全网的管理与优化。

基于 FTU 的馈线自动化由于引入了配电自动化主站系统，由计算机系统完成故障定位，因此，故障定位迅速，可快速实现非故障区段的恢复送电，而且开关动作次数少，对配电系统的冲击也小。其缺点是，需要高质量的通信通道及计算机主站，投资较大，工程涉及面广，复杂；尤其是对通信系统要求较高，在线路故障时，要求相应的信息能及时传送到上级站，上级站发送的控制信息也能迅速传送到 FTU。

随着电子技术的发展，通信设备的可靠性不断提高，计算机和通信设备的造价越来越低，基于 FTU 的馈线自动化这种利用信道、具有远动功能的线路自动化模式成为馈线自动化发展的趋势。

三、馈线远方终端 FTU

馈线自动化终端，又称为馈线远方终端 FTU，是装设在馈线开关旁的监控装置。

（一）基本功能

FTU 除具有与常规 RTU 相同的遥信、遥测、遥控、对时、事件顺序记录等功能外，还具备采集馈线故障电流等 FTU 特有的功能。

FTU 具备的标准功能为：

（1）采集馈线故障电流并向调度主站传送。

（2）采集并向远方发送状态量，状态变位优先传送。

（3）采集正常交流电流并向远方传送以及反送校核，与各类重合器、断路器和负荷开关配合执行操作。

（4）具有后备电源或有外接后备电源的接口，其容量应能维持远方终端正常工作不小于 8 h，当主电源故障时，能自动投入。

（5）采集和监视装置本身主要部件及后备电源的状态，故障时能传送报警信息。

（6）交流电源失电后，能对开关进行分、合各不少于一次操作。

（7）具有程序自恢复功能。

（8）当地或远方可进行参数设置。

FTU 除具有以上的功能外还具有下列的选配功能：采集交流电压，实现对电压、有功功率、无功功率的测量并有互感器的异常报警；能够储存定点的电流量（按照通信规约文件传输的功能召唤）向调度主站传送；接收并执行对时命令；具有与两个及以上主站通信的功能；采集事件顺序记录并向远方传送；具有设备自诊断或远方诊断功能；具有通道监视的功能；具有当地显示功能；采集电能表脉冲或通过通信口采集多功能电能表数据；具有继电保护和重合闸功能。

（二）FTU 的硬件结构

馈线监控终端的硬件结构与 RTU 基本一致，主要包括数字量采集、模拟量采集、数字量输出、主处理器、远程通信部分，但 FTU 与 RTU 在硬件构成上的不同之处在于其需要配置电源管理单元。

状态量采集：主要针对线路开关位置信号及预告，报警、故障信号进行采集，通过采集开关位置状态及预告、报警、故障信号的辅助接点，了解线路的运行状态。

模拟量采集分为交流模拟量和直流模拟量两种：交流模拟量主要是来自一次侧互感器的电压，电流信号；直流模拟量主要是来自变送器或其他仪器、仪表、电池等直流信号源。

控制输出部分：控制输出由控制输出驱动电路和执行控制继电器两部分组成。

电源部分：由于 FTU 大多运行于杆上等户外较恶劣环境，故要求 FTU 使用的蓄电池免维护，能在宽温度范围内输出供电。在配电网自动化系统中，解决电源问题是自动化系统能推广应用的一个主要问题之一。

处理器部分：处理器主要完成对所采集信号的计算、分析等处理功能。主要处理器有：51 系列或 96 系列单片机、DSP、ARM、86Intel 系列处理器等。

通信部分：数据传输一般采用标准串行通信接口，如 RS-232、RS-485、RS-422 等，随着通信技术的发展，也有考虑以太网通信接口。

（三）FTU 的通信接口

作为配电自动化远程终端，FTU 除了需完成交流采样和故障检测外，更重要的是应与供电自动化系统主站或子站通信，及时将遥测、遥信和故障信号传到主站或子站，并执行主站或子站相应的遥控命令。离开了通信网络，FTU 也就失去了存在的价值。FTU 与远程系统的通信连接有多种方案，常用的有电力线载波、无线扩频、微波通信、调制解调器专线连接及 SDH、MSTP 传输网络等。

通常，为使 FTU 具备较为广泛的应用范围，应能提供一个 RS-232C 或 RS-485 接口进行通信，并根据通信介质的不同，配备相应的接口设备。采用这种通信方式的 FTU 一般只能以低于 9600bit/s 的通信速率与远方交换数据。实践证明，采用这种通信方式的配电网自动化系统，故障隔离和恢复供电的时间主要取决于通信耗时。以太网的快速发展给 FTU 的通信提供了新的解决方案。由于以太网通信需要耗费大量的 CPU 资源，比较理想的方案是采用多 CPU 技术，以太网通信由专用的 CPU 来完成，而数据处理、逻辑运算及其他通信功能由另外的 CPU 来完成。

FTU 除了需提供与远方的通信接口外，还应提供与周边智能设备的通信接口，完成远方主站等与这些智能设备间的数据转发。

随着电子技术的发展，各种处理器的功能愈加强大，成本逐渐降低，所以在铁路电力配电自动化系统中，各种监控终端设备也有逐步整合的趋势，即在相同的一套硬件平台上，由不同的嵌入式软件系统来实现信号电源监控终端装置 STU，馈线远方终端 FTU 或 RTU 的全部应用功能。

第五节　铁路电力配电网的建模与故障诊断

一、配电网的建模

（一）配电网的简化处理

铁路电力配电网具有供电线路长，供电点多、供电负荷小、变（配）电所结构单一、系统接线形式单一、运行环境差等特点。由于上述这些特点，铁路电力配电网很容易受到外界环境等因素的影响而发生故障，如果不能及时准确地对铁路电力配电网故障进行诊断排查，就会引起故障范围扩大，严重影响到列车行车安全。此外，我国现有铁路电力配电网多采用中性点非直接接地的小电流接地系统，当系统发生单相接地故障时，由于故障电流小，难以判断故障区间，导致故障排除时间较长，严重影响到铁路电力配电网的供电可靠性。

铁路电力配电网故障诊断实现故障的检测、选线以及定位功能，为保证铁路运输安全以及沿线车站设备的正常运行，要求尽快找到故障点并排除故障，及早恢复故障区域的供电，提高配电网的安全性与可靠性。随着铁路供电可靠性要求及自动化水平的提高，自闭贯通线路的故障测距与定位变得日益重要。

从负荷的角度将配电网看作一种赋权图可以简化配电网的模型。将线路上的电源点、馈线沿线开关和 T 接点看作节点，节点的权为流过该节点的负荷。将相邻两个节点间的配电馈线和配电变压器综合看作图的边，边的权即该条边上所有配电变压器供出的负荷之和。这样处理之后达到了简化节点数的目的。

传统模型共有 19 个节点、32 个元件（14 个配电变压器和 18 条馈线段），而简化模型则一共只有 6 个节点和 5 个耗散元件，但是在简化模型中，必须将分支线路的末梢表示为处于分状态的节点。可以采用等长邻接表来描述配电网简化模型，以达到减小占用空间和缩短处理时间的目的。

在分支线路的首级分段开关离 T 接点很近的情况下，往往区域的该分支对应的弧的负荷为 0，在点弧变换中，区域内的负荷将只在区域内其他各条弧上分配。此外，还可以根据区域内各条馈线上的用电量数据，确定各条边上的负荷比例，从而恰当地分配负荷。点弧变换的含义实际是根据各开关流过的负荷求出各个馈线供出的负荷。值得注意的是：对于未安装数据采集装置或装置故障的节点，也可以当作 T 接点对待，从而不妨碍整个配电网的计算。

已知配电网中各条弧的负荷，根据弧结构邻接表，可以计算出各节点的负荷，这个过程称为弧点变换。弧点变换的含义是根据各条馈线供出的负荷求出各开关流过的负荷。

（二）配电网简化模型中参数的提取

网基结构邻接表可以根据配电网的线路建设结构构成事先定义的数据库；并可根据配电网的发展进行修改、删除和补充；网基结构邻接表中第二列元素，即节点的过电流情况，源于各开关处安装的数据采集装置的上报信息。

安放在主变电站的 RTU 上报；配电线路的柱上开关的过电流情况由安放在柱上开关下面的 FTU 上报；箱式配电变电站的低压出线开关的过电流情况由安放在箱式配电变电站内的 TTU（铁路电力配电网中可以为 STU）上报。

弧结构邻接表中的第一列元素取值，也即各开关的状态以及负荷邻接表中的第一列元素取值，也如同网基结构邻接表中节点的过电流情况一样，均是源于各开关处安装的数据采集装置的上报信息。而负荷邻接表中的其他元素，是根据弧结构邻接表和负荷邻接表中的第一列元素通过点弧变换得出的。

额定负荷邻接表中的元素取值是根据电气设备和线路的极限参数，事先定义于数据库中，并可根据配电网的发展而修改。归一化负荷邻接表中的元素是根据负荷邻接表和额定负荷邻接表计算而来的。

二、故障区域判断

配电网馈线自动化系统是减少停电时间，缩小停电面积从而提高供电可靠性的重要手段，因此，根据 FTU 上报的信息及时准确地判断出故障区域，并采取有效措施隔离故障区域，恢复健全区域供电是配电网馈线自动化的关键技术之一。

故障区域判断通常针对大短路电流故障，所谓大短路电流故障是指故障电流很大，使配电所内的馈线出口断路器跳闸，同时 FTU 上送过流信息的故障。对于配电网来说，大短路电流故障主要包括三相短路、两相相间短路和两相接地故障。在这种故障工况下，往往需要快速隔离故障区域，恢复非故障区域的正常供电。

基于配电网简化模型的故障区域判断方法具有快速、准确的特点，因此，被广泛应用。

（一）最小配电区域的分解

在进行故障区域判断之前，首先需要介绍配电网最小配电区域的概念。如果一个区域的所有端点都是开关并且没有内点或所有内点都是 T 接点，则称该区域为最小配电区域。显然，当线路发生故障时，最小配电区域是故障隔离的最小范围。实际上没有内点的最小区域就是一条首尾都是开关的馈线段（弧）。

（二）故障区域判断和隔离

在配电网络拓扑和最小配电区域分解完成的基础上，实现配电网故障区域判断就比较方便。只需引入判断规则：如果一个最小配电区域的始点经历了过电流，并且该区域的所有末点均未经历过电流，则该最小配电区域内有故障。值得一提的是，当配电网上同时发生多处故障时，采用该判断规则仍然能够得出准确的判断。故障区域判断出来后，一般只需将该区域的端点断开就可以隔离故障区域。

对于馈线上采用的是具有过流脱扣功能的开关情形，由于配电线路的供电半径较短，并且受电流互感器的精度和开关设备的动作时间的影响，期望通过对开关设备更精细地整定来进一步提高故障时的选择性的努力通常是难以实现的。

发生越级跳闸后，在故障区域隔离之后，应将越级跳闸的开关合上。越级跳闸的节点的判断可以这样进行，将故障隔离后的网形中所有处于分断位置的节点与故障前的网形中所有处于分断位置的节点进行比较，并且排除为了隔离故障必须分断的节点，所剩下的处于分断状态的节点就是发生了越级跳闸而应合上的节点。

三、故障选线

故障选线主要针对线路发生单相接地故障而言，现有的选线方法主要有以下几种。

（一）零序电流幅值法

利用不接地网络中故障线路零序电流比非故障线路零序电流大的特点。该方法的缺点是当某一线路远远长于其他线路，即其分布电容与系统总的分布电容相差不大时或接地过渡电阻较大时，零序电流很难靠大小区别，因此，装置可能拒动，此外，零序电流幅值法不适于谐振接地电网。

（二）零序电流方向法

利用故障线路零序电流与非故障线路零序电流方向相反的特点。该方法的缺点是不能适应谐振接地时完全补偿、过补偿运行方式，不能检测瞬时性或间歇性接地故障。

（三）零序电流有功分量法

利用线路、消弧线圈对地电导的存在，故障电流中含有有功分量的特点。非故障线路和消弧线圈产生的有功分量方向相同且都经过故障点返回，因此，利用故障线路有功分量比非故障线路有功分量大且方向相反的特点，可区分故障线、故障相。该方法的缺点是故障电流中有功分量非常小，易受零序电流过滤器中不平衡电流等因素的影响；必须取得零序电压信号。

（四）五次谐波法

检测五次谐波大小和方向的方法基于以下理论：单相接地故障时，由于故障点、线路设备的影响，故障电流中存在着谐波信号，其中以五次谐波为主。由于消弧线圈对五次谐波的补偿作用仅相当于工频时的1/25，可以忽略消弧线圈的作用，因此，故障线路的五次谐波比非故障线路的都大且方向相反。缺点是五次谐波含量较小（小于故障电流10%）且在有电弧现象时不稳定。

各次谐波平方和方法主要是将3、5、7次等谐波分量求和再根据五次谐波理论进行选线、选相。虽然能在一定程度上克服单次谐波信号小的缺点，但不能从根本上解决问题。

（五）暂态分量法

单相接地故障时所产生的零序电流暂态信号特征比较明显，幅值一般为稳态值的几倍到几十倍，频率在400~3000Hz范围内，而且故障点两侧的暂态零序电流方向相反。当发生单相接地故障时，这是一种比较有前途的方法；对于中性点经消弧线圈接地的运行方式，因为消弧线圈一般工作在工频范围（50~300Hz），不会对高频的暂态分量产生影响，因此，这种方法理论上也适用于经消弧线圈接地的运行方式。

第六节　远程自动抄表系统

一、电能表

远程自动抄表（Automatic Meter Reading，AMR）是一种不需要人员到达现场就能完成自动抄表的新型抄表方式。AMR利用公共电话网络、专用信道或低压配电线载波等通信联系，将智能电能表的数据自动传输到电能计费管理中心进行处理。远程自动抄表系统在铁路电力配电自动化系统中的应用还不普遍，但随着铁路的减员增效，它将成为提高铁路供电管理自动化水平的一个重要手段。

用于远程自动抄表系统的电能表有脉冲电能表和智能电能表两大类。

（1）脉冲电能表是能够输出与转盘转数成正比的脉冲串的电能表。按其输出脉冲的实现方式可分为电压型脉冲电能表和电流环型脉冲电能表两类。电压型表的输出脉冲是电平信号，采用三线传输方式，其输出距离较近，一般在几十米以内；电流环型表的输出脉冲是电流信号，采用两线传输方式，传输距离较远。

（2）智能电能表是通过串行口以编码方式进行远程通信的，因为传输的不是脉冲信号，因而准确、可靠。按智能电能表的输出接口通信方式的不同，这类表可分为 RS-485 接口型和低压配电线载波接口型两类。

①RS-485 智能电能表是在原有电能表内增加了 RS-485 接口，使之能与采用 RS-485 方式的抄表集中器交换数据。

②低压配电线载波智能电能表是在原有电能表内增加载波接口，使之能通过220V 低压配电线与抄表集中器交换数据。

脉冲输出的接口方式对于感应式电能表和电子式电能表均适用，具有技术简单的优点，但存在以下不足：在传输过程中容易发生丢脉冲或多脉冲现象。当计算机系统因掉电、死机等因素暂时中断运行时，会造成在一段时间内对电能表的输出脉冲没有计数，导致计量不准。功能单一，难以获得最大需量，电压、电流和功率因素等多项数据。输出脉冲传输距离较近。采用串行通信接口是一种广泛使用的传输方式，它可以将表中采集的多种数据，以通信规约的形式做远距离传输。如果一次通信无效，还可再次传输，抄表系统暂时停机也不会对其造成影响，从而确保数据准确可靠上传。

但是，串行接口输出方式，一般只能在采用微处理器的智能电子式电能表或智能机械电子式电能表中实现，并且目前各厂家所采用的通信规约尚未规范化，导致不同厂家生产的设备间互连困难。

二、抄表集中器

抄表集中器将远程抄表系统中的电能表的数据进行一次集中后，再通过电力载波、专用通道或公用电话网将数据继续向计费中心传送。抄表集中器可以处理来自脉冲电能表的输出脉冲信号，或通过 RS-485 方式读取智能电能表数据，它通常具有 RS-232、RS-485 或红外通道用于与外部交换数据。电力载波通道一般采用半双工方式，调制后的载波信号需经过功率放大再耦合到电力线上，接收载波信号经耦合后，需进行放大处理，才能送 CPU 存储器用来存放电表数据。

三、抄表交换机（又称抄表中继器）

抄表交换机是远程抄表系统中的二次集中设备。它可以收集各抄表集中器的数据，再通过公用电话网或其他方式将数据上传至电能计费中心的计算机系统。抄表交换机可通过 RS-485 或电力载波方式与各抄表集中器通信，此外，它一般也具有 RS-232、RS-485 或红外通道用于与外部交换数据。与公用电话网相连接的抄表交换机还含有调制模块、摘机／挂机控制模块等。

四、远程传输通道

在远程抄表的电能计费自动化系统中，通常采用 RS–485、低压配电线载波等方式，实现电能表到抄表集中器以及抄表集中器到抄表交换机间的通信。抄表交换机至电能计费中心计算机系统之间，一般采用公用电话网或无线电台方式传送。此外，还可以采用专用通道直接传送用户电能信息。

第三章　输电线路施工

第一节　输电线路施工工艺流程

一、输电线路施工工艺流程

架空输电线路施工的工艺流程包括 3 个主要部分：准备工作、施工安装和验收。施工安装通常又划分为土方、基础、杆塔、架线及接地 5 个工序。实际上程序之间不可避免地会出现交叉、反复和调整的过程。

（一）准备工作

为做好施工准备工作，应对现场进行全面调查，了解工程整体情况，拟订切实可行的有效施工方案。施工准备工作包括技术准备、物资准备、施工现场准备等。

1. 技术准备

包括现场调查（运输道路，沿线食宿生活及工程用水、砂石、水泥供应，重要跨越，物力情况等）编写施工组织设计、施工说明等项工作。

2. 物资准备

（1）设备订货，主要包括导线、避雷线（含拉线用的钢绞线）、绝缘子和金具。

（2）材料加工，如基础钢筋、地脚螺栓、铁塔、混凝土电杆及铁件（如横担、抱箍等）。

（3）材料运输计划，大部分材料应从加工地点发运到线路材料站，再经工地运输而后分散运输至杆塔位，称之"大运输工作"。

（4）工器具准备，现场施工队在工程开工前，要对工器具进行一次清理、检查和试验、保养，为新工程开工做好准备。

3. 施工现场准备

（1）与当地政府联系施工占用土地问题，协商处理青苗赔偿，准备建设必要的临时建筑。

（2）采购砂、石和运输（按现场调查，化验合格后的砂、石场进行采购）。

（3）按施工队控制施工段进行更细致的运输道路的调查，使运输距离缩到最短；并着手修路、修桥，钉工地运输卸料点的指路牌和进行杆位平整（平基）等。

（4）对线路复测和分坑。

（5）材料的工地运输（从材料站把材料运至线路附近的卸料点）和小运输（从卸料点把材料运至杆位），前者为汽车运输，后者多为人力运输。

当准备工作就绪后，就可以写开工报告、破土动工。

（二）施工安装

1. 基础施工

在完成复测分坑准备后，就可按地质条件及杆塔明细表确定基础开挖方式和拟定基础施工方法，如人力开挖、爆扩成坑、现浇杆塔基础、预制基础等。

基础工程（包括地基、基础）的投资约占线路本体投资的 15% ~ 30%；工期约占施工总工期的 30% ~ 50%，且为隐蔽工程，施工质量的好坏对输电线路的长期安全运行有着重要的意义。因此，必须切实做到精心施工，确保工程质量。

2. 杆塔施工

杆塔施工是输电线路中的一道重要工序。通常情况下，杆塔工程投资占整个输电线路本体投资的 20% ~ 35%（最高达 50% ~ 60%）；用工量（耗用工日）占全工程总用工量的 25% ~ 35%；工期占施工期的 30% ~ 40%。杆塔施工的任务是将杆塔组立于基础之上，并牢固地用基础连接，用来支承架空导、地线。

3. 架线施工

架线施工是架空输电线路施工安装的主要工序。它的任务是将架空导、地线，按设计要求的架线应力（弛度）架设于已组立好的杆塔上。按照施工流程可分为：①障碍的消除；②搭设跨越架；③挂悬垂绝缘子串和放线滑车；④放线；⑤紧线与观测弛度；⑥附件安装；⑦导、地线的连接。

4.接地安装

接地安装是输电线路不可缺少的部分。无论深埋电极或地表下辐射，都安排在杆塔组立完后，进行接地装置连接。接地装置（包括接地体和接地引下线）大部分为地下隐蔽工程，故在施工中应严格依照规定操作安装，并需测量接地电阻值，使其符合要求后，才能投入运行。

（三）验收

在质量全面检查合格后，进行绝缘测量，线路常数测试，并经有关验收委员会批准后方能启动，经测试输电72h，且运行良好后才可以投产。最后移交全部工程记录及施工图。

二、输电线路施工技术的发展方向

输电线路工程地处野外，杆塔位即施工作业点，各施工作业点之间相距几十、数百甚至上千米，呈"线"状分布，因此，输电线路工程属于长线工程，各施工作业点的地质、地形条件、气象条件等各不相同，施工作业点上一般不具备交通运输、电源、水源等施工作业条件。

（一）基础工程施工技术发展方向

（1）扩大基础预制装配化的使用范围。

（2）研制普通土壤的挖坑设备。

（3）泥水流沙坑的施工方法研究。

（4）加强对地区性特殊土壤的施工方法研究。

（二）杆塔组立施工技术发展方向

改变传统人工组立杆塔，采用立杆车、吊车、直升机等机械化手段进行杆塔组立施工、降低施工作业人员劳动强度，提高施工效率。

（三）架线工程施工技术发展方向

逐步在 330kV 以下线路架线施工中普及张力架线施工工艺，大力推广热气球、飞艇、动力伞、直升机放线施工技术。

第二节　线路复测与分坑

一、概述

输电线路施工复测，是指线路施工前，施工单位对设计部门已测定线路中心线上的各直线桩、杆塔位中心桩及转角塔位桩位置、档距和断面高程，进行全面复核测量。若偏差超过允许范围时，必须查明原因并予以纠正。其后，根据定位的中心桩位，根据基础类型依照设计图规定的尺寸进行坑口放样工作，称此为分坑测量。通常把这两步工作统称为复测分坑。分坑，可用经纬仪及皮尺进行分坑。

施工测量主要包括两项内容：对设计提出的线路路径及杆塔桩位进行档距、高程、转角等复核测量（路径复测）；根据设计选定的基础形式逐基对基坑和拉线坑进行定位测量（分坑）。施工测量必须使用角度最小读数不大于 1 分的经纬仪。

二、路径复测

路径复测的任务是核对设计单位提供的杆塔明细表、平断面图与现场是否相符，设计标桩是否丢失或移动，为基础施工做好准备，也为基础工程质量检查创造条件。

路径复测的主要项目：直线杆塔中心桩复测，转角杆塔中心桩复测，档距和标高的复测，丢桩补测。

路径复测应朝一个方向进行，如果从两头往中间进行，则交接处至少应超过一基杆塔位。两个施工班交接处必须超前两基进行复测。

（一）直线杆塔中心桩复测

依据设计勘测标定的两相邻直线杆塔中心桩为基准，用正倒镜分中法检查该杆塔中心桩是否正确，对于丢失的直线杆塔中心桩，可用正倒镜分中法测量补定。

（二）钉辅助桩

直线杆塔沿线路中心线方向及垂直线路方向的前后左右钉4个辅助桩。

转角杆塔沿线路转角角分线方向及内角分线方向钉4个辅助桩，转角杆塔为单柱杆时沿线路中心线方向增多两个辅助桩。

（三）施工基面的测量

为了保证基础的稳固，在山坡地形条件下，设计均应给出施工基面的数值，施工基面一般应由杆塔中心桩桩顶计算，在受地质条件限制时，也可以由中心桩所在地面处计算。

施工基面是由设计给出的杆塔坑开挖深度的起算基准面，单位为m。施工基面通常是降低地面、开挖平基的依据，表示中心桩处基坑的挖掘深度，个别情况是填方的依据。若为高低腿基础，应以设计基础图为依据平基。

第三节 杆塔组立

一、杆塔组立方法

输电线路杆塔按材料分，有钢筋混凝土杆和铁塔两种。因此，杆塔组立施工，按材料及施工工艺的不同，可分整体组立、分解组立及特殊组立等。

（一）整体组立杆塔

整体组立杆塔分，固定直立式抱杆整体组立和倒落式人字抱杆整体组立。整体组立杆塔与分解组立杆塔相比，具有以下优点：

（1）减轻了劳动强度，减少高空作业，一般不会发生人身伤亡事故；

（2）整立铁塔的组装工作是在地面上进行，不仅组装质量好，而且也加快了线路的建设速度；

（3）机械设备利用效率高，能提高经济效益；

（4）由于施工场地较大，故多用于平地或坡度小的山丘地带；

（5）与分解组立杆塔相比，工器具使用量较大。

（二）杆塔分解组立杆塔

这种组立杆塔不受施工条件的限制，并且工器具也比较轻便。因此，目前施工现场大多采用分解组塔。特别是自立式铁塔、500kV线路的杆塔，由于塔高、根开大和质量大，则主要考虑分解组立，如采用外拉线抱杆、内拉线抱杆、摇臂抱杆起吊组立。特殊组立杆塔施工，主要应用在施工条件受到限制及特殊施工环境中，如倒装组立施工、飞机吊塔组塔施工。

二、杆塔组立方法选择原则

如何选择最佳的施工方法，还须根据施工单位的施工设备及施工经验而定。一般来说，应按如下几个基本原则选择。

（1）适用范围广，即使用同一套起立施工器具和施工方法，稍加改进，能起立较多类型的杆塔。

就施工方法的选择而言，带拉线的铁塔，包括带拉线轻型单柱塔、拉门塔、拉猫塔、拉V塔等，一般都采用倒落式人字抱杆整体组立。这在一条拟建线路的杆塔定位、选型时，都已为施工建设事业考虑了这一点。另外，对于地形平坦、连续的地段，设计也多使用同类型铁塔较多。那就是说凡是具备"整体组立"条件的桩位，在设计选型时都考虑到施工单位可较为方便地拟订杆塔作整体组立施工方案的设计思想。

至于钢筋混凝土电杆，由于施工条件的关系不能采用整体组立，也可采用分解组立。对于地形起伏不大，或虽起伏较大但塔身较轻，也应考虑采用杆塔整体组立施工方法。

（2）安装设备简单，装拆、转移都较为方便。

（3）杆塔组立操作平稳可靠、安全性高。

（4）施工效率高、速度快，施工质量好，安装过程中不易损坏构件。

（5）因地制宜，尽量发挥本单位现有的工器具的能力。

三、杆塔组立施工一般规定

杆塔组立施工，应按施工设计确定的"杆塔组立施工布置图"的要求进行，对杆塔组立的平面布置、工具规格、地锚受力、抱样容许起吊荷重、临时地锚的形式（坑锚或立锚）和布置，不得随便更改。

（1）铁塔组装使用的螺栓垫圈，必须热浸镀锌。

（2）对于铁塔混凝土基础（包括混凝土拉线基础）符合下列要求方可组立铁塔：①经中间检查（验收）合格。②混凝土强度达到下列规定值：a. 分解组立塔时为设计强度的 70%；b. 整体组立塔时为设计强度的 100%；特殊情况，当立塔操作采取有效防止影响混凝土的措施时，可在混凝土不低于设计强度的 70% 时整体立塔。

（3）铁塔组立后，各相邻节点间主材弯曲不得超过 1/75。

（4）铁塔组立施工完毕后，应对各有关项目进行检查及整修。如补装铁塔腹材、缺材及纠正错材，处理接触不密实的连接材，然后再检查铁塔有无缺材，并填写铁塔组立后塔料余缺记录表。检查螺栓紧固程度，调换螺杆不露骨扣（单帽）和露扣不齐及螺杆头平面有空隙的螺栓。更换和处理不符合规定的金具，整修穿向不对的螺栓，对于脱锌的金具应涂刷富锌漆。检测铁塔垂直度、检查基础地脚螺栓的螺母、垫块安装数量和紧固情况，螺母与垫块不得缺少。塔脚板与基础面应接触良好，如有空隙应垫铁片，并灌以水泥砂浆。

（5）铁塔组立及完毕后其允许偏差应符合规定。经上述检查整修合格后，为防止被盗破坏，直线塔组立后，可随即浇制混凝土护帽，耐张转角塔待架线后才可浇制。保护帽按规定进行养护。外观检查时不得有裂缝、积水。

另外，对直线塔塔脚底板与基础接触为铰接型的不得将铰接部分浇入保护帽内。

第四节 杆塔组立常用工器具

一、绳索

输电线路施工用绳索，主要有钢丝绳和白棕绳两类。

（一）钢丝绳

由钢丝拧成股，再由数股捻成钢丝绳，并简称钢绳，是固定系统、牵引系统、制动系统的主要受力绳索。按强度要求选用，通常只计算拉伸应力。

按耐久性要求选用：钢丝绳通过的滑轮槽底直径不宜小于钢丝绳直径的 14 倍；人力或机动绞磨的磨芯直径不宜小于钢丝绳直径的 10 ~ 11 倍。

（二）白棕绳

用龙舌兰麻（又称剑麻）捻制而成，具有较强的抗张力和抗扭力，滤水性好，抵抗海水侵蚀性能高，耐磨并富有弹性，受到冲击力、拉力作用不易折断。

二、起重滑车（滑轮）

滑车可分为定滑车和动滑车两类。

定滑车可以改变作用力的方向，做导向滑轮；动滑车可以做平衡滑车，平衡滑车两侧钢绳受力。一定数量的定滑车和动滑车组成滑车组，既可按工作需要改变作用力的方向，又可组成省力滑车组。

三、起重抱杆

抱杆是线路组立杆塔（除完全倒装组塔外）施工中必不可少的工具。抱杆，按使用方式分为有单抱杆、倒落式人字抱杆。

（1）角钢组合抱杆，一般都用 Q235 碳素结构钢组合成三角或方形截面。为适应整立不同杆（塔）型的需要，通常在结构上做成分段式的格构（一般使用3～5段），用螺栓连接，在现场根据需要的长度进行组合和装配，以利于搬运和转移，并根据起吊重量制作不同截面。它的优点是强度高、耐久、同时取材容易。可做成单根抱杆或人字抱杆。但这种材料被制成抱杆，重量较大，同时在使用中（装、运、卸）容易变形。

（2）钢管抱杆，用无缝钢管作为抱杆本体制作的抱杆。一般也都设计成分段式的构件（常用的是两段），以套接（内法兰盘）连接，在现场能组合和解体，重量较轻，便于搬运和转移。其缺点也是容易变形，在组装时要注意接点应严密牢固。

（3）铝合金钢抱杆，目前使用的有铝合金、铝镁合金等制成的分段式结构抱杆，以螺栓连接，在现场能组合和解体，便于搬运和转移。铝合金钢抱杆的断面形状有三角形、方形、环形等多种。它们的显著特点是强度高、重量轻（国产16号硬铝的比重只为钢的1/3，机械强度与Q255钢接近），很适合输电线路整立杆塔的需要。因常受材料供应等的限制，成本比较高。

（4）薄壁钢板抱杆，用Q235碳素结构钢或低合金Q255薄钢板（厚度不超过4mm），经弯卷后焊成薄壁圆筒状或拔梢圆锥状，制成抱杆本体。它通常设计成分段式的，用内法兰连接，在现场能组合和解体，便于搬运和转移，多用作人字抱杆或内拉线抱杆。

（5）玻璃钢抱杆，又称玻璃增强塑料，是一种新型的结构材料。它的基本组成成分是玻璃纺织物（或玻璃纤维）和树脂。它的重量较轻，一般只有钢管抱杆重量的1/2。玻璃钢有很高的抗压、抗拉、抗剪及抗冲击的强度，在各种气温条件下能够不变形，抗蠕变和抗疲劳性能也较好。主要缺点是刚度低。为了便于运输，玻璃钢抱杆也采用分段组装式结构，段与段之间的连接采用套接形式。

（6）木质抱杆，用整根的圆木制成，主要用松木、杉木等材料制成，截面形状为圆形。它具有经济、加工方便、取材容易、弹性好等优点。缺点是强度低、重量大、易损坏，当内部有缺陷（烂心、虫害等）时不易检查，故目前在整立杆塔施工中已基本不提倡采用，只是在配电线路分解组塔时采用。

除上述分类外，输电线路用于组立杆塔的抱杆若按其上下端支承方式可分为：①两端铰支抱杆，如地面直立式外拉线抱杆、倒落式抱杆、处于铅垂状的摇臂式抱杆（腰环以上部分）、内拉线悬浮抱杆，可按此类受力抱杆处理；计算时，抱杆折算长度系数，取 1.0 ~ 1.1。②下端嵌固、顶端较支，如外拉线塔上小抱杆可近似看成此类受力抱杆；计算时，抱杆折算长度系数 μ 取 0.7 ~ 0.8。③下端嵌固、顶端自由抱杆，如顶端无拉线，仅下端用钢丝绳绑扎两道而固定于塔身的无拉线塔上小抱杆，即为该类抱杆；计算时，抱杆折算长度系数取 2.0 ~ 2.2。

另外，还可按抱杆的截面形状分为：①等截面抱杆，沿整个抱杆长度上，其截面形状及大小是固定不变的，或虽有变化但变化很小，如钢管抱杆、圆木抱杆等。②变截面抱杆，根据抱杆各截面受力大小的不同，把抱杆做成变截面的格构式或空心抱杆。这种抱杆结构合理、重量轻、承载能力大。常用的变截面抱杆有角钢组合抱杆、铝合金抱杆、薄壁钢板抱杆等。

四、锚固工具

地锚及桩锚。输电线路施工中，固定绞磨、转向滑车、临时拉线、制动杆根等均要使用临时锚固工具，要求它承重可靠、施工方便、便于撤出、能重复使用。

地锚，一般用短木棍作临时地锚，也有用工字钢作地下横木。也有用圆钢制造的地锚，使用起来方便，施工现场应用广泛，按受力方向分为垂直受力地锚和斜向受力地锚。这种地锚需先挖一地锚坑，然后在坑内埋入地锚，并按要求回填，夯实后使用。

桩锚，它是将木桩、圆钢、角钢、钢管直接打入土中，依靠土壤对桩体的嵌固和稳定作用，使其承受一定的拉力的地锚结构，故称打桩锚。桩锚多用钢管或钢棒制成，直径一般为 40 ~ 60mm，长度为 1 ~ 1.5m。

除上述锚和桩外，在我国北方地区的冬季施工时，利用冻结土壤的力学性能，土壤冻结时成为一块较坚硬的完整体，称冻土地锚。这种地锚本体变形小、受力稳定、承载能力大。冻土地锚使用的条件：①冻土层的厚度至少要在 40cm以上；②冻土层应是一个整体，如遇有裂缝，可用稀泥浆灌缝补强加固。

第五节　整体组立杆塔

当铁塔整体起立时，基础强度必须达到100%；遇特殊情况，立塔操作采取有效防止影响混凝土强度的措施时，可在混凝土强度不低于设计强度70%时整体立塔。常用的整立方法有3种：倒落式抱杆整立，固定式抱杆整立，机械化整立。

一、整体组立杆塔施工

整体组立杆塔分倒落式人字抱杆整体组立杆塔和直立式抱杆整体组立杆塔。

（一）直立式抱杆整立杆塔的起吊方式

当倒落式人字抱杆整体组立杆塔时，人字抱杆随着杆塔的转动（起立），它也不断地绕着地面的某一点转动，直至人字抱杆失效。

因整立过程中抱杆与其地面的夹角是恒定不变的，故称固定抱杆整立杆塔。根据使用抱杆的根数可分为单固定抱杆和双固定抱杆（人字形或门形）。根据起吊过程中杆塔运动的方式不同又可分为整体旋转起吊和整体滑移式起吊两种方法。

固定式抱杆整体起吊杆塔的优点是：①整立施工计算简单；②占用场地、空间少；③施工受力分析简单，特别是单吊点更为简单；④采用单固定抱杆，可省去一根抱杆、一套索具和工器具等。单根抱杆起吊能力2~3t，双根抱杆起吊能力5~10t。缺点是：固定抱杆整立杆塔需将杆塔吊离地面，因此，要求较高的抱杆，抱杆受力较大；同时，起吊前要事先将抱杆整立并固定（用拉线固定）；施工人员近旁作业。因此，固定式抱杆整体旋转起吊方式用于整立铁塔起吊；固定式抱杆滑移式起吊方式多用于混凝土杆整立起吊，且多为单固定抱杆单吊施工。

直立式抱杆整立杆塔适用于施工场地与空间受限制，而无法使用倒落式抱杆整立杆塔的施工条件。

1. 整体旋转起吊方式

整体旋转起吊方式，用铰链使塔底与基础相连，或以制动钢绳固定混凝土杆于槽、坑支点。在整立时，启动牵引设备收卷两侧提升滑车组的提升钢绳，使铁塔底脚绕铰链或杆根绕支点旋转而起立，直至就位。

2. 整体滑移起吊方式

整体滑移起吊方式和整体旋转起吊方式都可以使用一根或两根固定抱杆整立杆塔。在起立时，启动牵引设备收卷两侧提升滑车组，使混凝土杆上部吊离地面，随之向杆坑方向滑移，以保持提升滑车始终处于垂直状态。回松两侧提升钢绳，杆根落入坑内，最后立正混凝土杆、回填土、夯实，完成杆（塔）组立。

（二）布置原则

（1）整体滑移式，起吊时的直立抱杆须对称布置于桩位的两外侧，以便提升杆塔成垂直状态后下落就位。

（2）抱杆须在顺横线路方向设置拉线以保持稳定，拉线对地夹角应小于45°，若受地形限制允许控制在60°范围以内。

（3）杆塔头部应设置拉线，以保证在起吊过程中稳定杆塔和调整杆塔。

（4）绞磨位置应考虑不影响混凝土杆的起吊与组装，其位置以距离杆坑的水平距离大于杆高的1.2倍为宜，且至少要大于杆高5m。

（5）电杆排杆，摆放于地面焊接组装与起吊时应尽可能使混凝土电杆中部靠近抱杆根部，而混凝土杆头在地形高的一侧，以方便起吊。

（三）固定直立式人字抱杆、固定"门"型抱杆组立杆塔

当重量较大（5～10t），单根固定抱杆强度不够时，可采用固定直立式人字抱杆起立杆（塔）；抱杆根开一般为其高度的1/2～1/3，两抱杆长度相等，且两脚布置在一个水平面上，当起吊杆（塔）较重时，可在抱杆倾斜的相反方向再增设拉线。

采用固定人字抱杆整立重量大的杆塔外，也可采用固定"门"型双抱杆。"门"型双抱杆不仅起重量大，同时起立杆（塔）也比较平稳均匀，不会出现忽大忽小的硬拉和撞击现象；在施工时应注意将已组装好的杆（塔）重心排列在位

于基坑的两侧。固定人字抱杆和固定"门"型双抱杆与单固定抱杆施工方法基本相同。但"门"型固定双抱杆需要再增设一套牵引系统或分力平衡装置。

二、座腿式抱杆整体组立杆塔

（一）概述

座腿式抱杆整体组立杆塔的特点是，进行杆塔整立施工布置是使抱杆固定坐落在位于上部的两个塔腿上，其抱杆根部能够随着铁塔的起立而转动。在整立过程中，抱杆及固定钢绳与塔身之间的夹角，在抱杆失效前始终保持一定值，直到抱杆失效为止。这种整立工艺克服了采用人字倒落式抱杆整立铁塔时，因塔身宽度较大，为避免铁塔在起立过程中与抱杆碰触的技术问题，而加高人字抱杆的高度所带来的整立施工的困难；同时也避免了人字抱杆直接坐落在地面上，因土质松软而使抱杆产生下沉的施工困难。由于整立铁塔所用的抱杆比较短而称其为小抱杆整体杆塔。这是一种较为适用而又行之有效的整体组立方法。如吉林送变电公司曾在500kV平武线工程中就采用该施工工艺。

该组塔方法，无论从施工设计计算，还是整立准备及设备转移来看，优点突出。主要表现在以下几个方面：

（1）整立一般铁塔（高20～30m），可选用6～8m的抱杆。因此，抱杆的制造、运输、布置、拆移都比较方便。

（2）整立铁塔的小抱杆坐落在塔腿上，不存在抱杆在整立过程中的下沉、滑动、迈步、高差等因素的影响而发生意外事故。

（3）对抱杆高度的要求并不十分严格，故在选择抱杆时有较大的伸缩余地。

（4）施工设计简单，计算方便。在采用小抱杆整立铁塔时，虽有上述的优越性，但也有它的不足之处。首先要对塔腿采取补强措施，需用专门装置将抱杆固定在塔腿上；其次是其使用范围仅限于宽基铁塔。

（二）小抱杆整体立塔施工措施

当采用小抱杆整立铁塔时，其被立杆塔的塔腿应进行补强加固。根据广西送变电公司及吉林送变电公司的施工经验，其措施可按下述方法考虑。

（1）塔腿补强。整立杆塔时，无论是小抱杆（或称座腿式抱杆），还是落地倒落式抱杆整立铁塔，在起吊时塔腿受力均较大。为了防止塔腿变形，往往需要考虑对塔腿进行补强，补强后塔腿相互之间应保持正确的距离，不得偏扭，以免安装、就位困难。

（2）特殊措施。因在采用小抱杆整立铁塔时，抱杆直接坐落在位于上部的两个塔腿上，并使抱杆根部能够随着铁塔的起立而转动，所以抱杆根部与塔腿的连接必须采用特殊的连接构造。

当用小抱杆整立铁塔时，其现场布置，整立准备及有关要求，与倒落式抱杆整立杆塔相同。失效后的抱杆与牵引系统自动脱落，这时停止起吊工作，用大绳将抱杆落至地面，然后继续起吊。

小抱杆的规格尺寸应根据施工设计中确定的最大受力值来进行选择。一般情况下：①整立 20 ~ 25m 塔，可选用 120mm × 6000mm 或 140mm × 7000mm 木抱杆（或钢管抱杆），采用单点起吊；②整立 25 ~ 30m 塔，可用 140mm × 7000mm 或 160mm × 8000mm 木抱杆（或钢管抱杆），采用两点吊。

三、倒落式人字抱杆整体立塔

倒落式人字抱杆整体立塔尤其适用于拉线塔。

（一）现场布置

1. 起立抱杆的布置方式
（1）与铁塔朝向相同。
（2）与铁塔朝向相反。
2. 制动绳系统的布置方式
（1）单制动方式：适用于单柱塔。
（2）双制动方式：适用于四脚铁塔基础和门型塔基础。

（二）整立铁塔过程的操作

1. 制动绳的调整
立塔前制动绳应收紧，在立塔过程中，应使塔脚铰链始终坐落在基础上。当铁塔立至 70° ~ 80° 时，制动绳应适当放松，当铁塔立至接近 90° 时，完全松出制动绳，防止由于制动绳过紧将塔脚拉至基础之外。

2.铁塔塔脚的就位

拉线塔塔脚与基础为铰接，可以一次就位。

就位后拆除铰链，借助经纬仪调整铁塔正直后，打好四侧永久拉线。铁塔就位顺序操作。

（1）铁塔立正后，控制好后方临时拉线，启动绞磨，使铁塔向牵引侧略有倾斜，让未安设铰链的两只塔脚坐落在基础的垫木上，然后拆除立塔铰链。

（2）收紧后方临时拉线，总牵引绳随之稍微松出，让已拆除铰链的两只塔脚底座板螺孔对准地脚螺栓，落至基础顶面，并装上螺帽。

（3）继续收紧后方临时拉线，总牵引绳随之慢慢松出，让铁塔向后方略有倾斜，直至不装铰链的塔脚离开垫木，并随即抽出垫木。

（4）慢慢松出后方临时拉线并适当收紧总牵引绳，利用塔身及总牵引系统的质量，使未装铰链的两塔脚底板螺孔对准地脚螺栓，直到落到基础顶面，安装好地脚螺栓。

第六节　分解组立杆塔

一、外拉线抱杆分解组塔

外拉线抱杆分解组塔是先用外拉线抱杆把铁塔最底层一段组装起来，固定在基础上。然后，把外拉线抱杆上升，固定在已经组装好的一段铁塔上，再组装上一段铁塔。这样，使用一副外拉线抱杆就能把铁塔分段，按照由塔腿至塔头的顺序，分解组立起来。

（一）现场布置

现场布置都是以一根抱杆为中心组成一个起吊系统，或用两副抱杆各自系住一个构件的两端部，同时进行起吊安装。

1. 抱杆

抱杆的长度应按同类型铁塔最高的一段确定，根据施工实践，抱杆长度通常为：L=（1.0～1.2）H。

抱杆由头部、身部和根部3部分组成。抱杆的头部系有4根外拉线以稳定整根抱杆，在靠近外拉线绑扎处，系有起吊滑车。抱杆的根部，在组装铁塔腿部时，坐落在地面上；在抱杆提升后，组装上部各段时，都坐落在铁塔的主材上。

2. 外拉线及地锚

拉线通常采用4根，成十字形布置，拉线与地面的夹角应在30°～50°。外拉线布置原则是要使抱杆在倾斜起吊时有两根拉线同时受力，避免一根拉线单独受力的不利情况。

外拉线也将随抱杆的升高而增长，由长度调节装置来调节。

地锚常用的有钢桩地锚和深埋地锚。

3. 起吊系统。

（二）注意事项

（1）在提升抱杆时，抱杆腰绳看管人员应站在抱杆侧面。

（2）在连接主材时，操作人员应先选择好安全位置，然后再进行操作。

（3）当压拉线调整抱杆倾角时，应逐渐加力，不得过猛，同时应检查拉线受力情况。

（4）在塔材就位时，牵引或回松速度应缓慢，且塔上操作人员必须待塔材吊稳和停止牵引后，方可伸手操作；主材和侧面大斜材未全部接牢之前，不得到吊件上作业。

（5）必须及时连接铁塔的横材与斜材；当遇到塔材组装困难时，应进行适当处理，严禁浮放在塔上，以免误蹬滑落肇事。

（6）起吊动滑车的挂钩和绑扎绳套，必须在主材的连接螺栓紧固后方准拆除。

（7）塔上操作人员，在操作前必须检查安全带是否栓扣牢靠，且安全带必须拴在主材上。

（8）在起吊过程中，严禁将手脚伸入吊件的空隙内。吊件就位的连接次序应先低腿后高腿。

（9）塔上、塔下作业人员须戴安全帽。

二、内拉线抱杆分解组塔

（一）内拉线抱杆分解组塔优点

（1）施工现场紧凑，不受地形、地物限制。

（2）简化组塔工具，提高施工效率。

（3）抱杆提升安全可靠，起吊构件平稳方便。

（4）不会出现受力不均使局部塔材变形，避免了基础的不均匀沉降。

（二）内拉线抱杆分解组塔缺点

不适合吊装酒杯型、猫头型等曲臂长、横担长、侧面尺寸小、稳定性差的铁塔头部，高处作业较多，安全性能稍差。

（三）现场布置

1. 抱杆组成

宜用无缝钢管或薄壁钢管制成，也可用正方形断面角钢组合抱杆改装而成，抱杆上端安装朝天滑车。

2. 抱杆长度

一般取铁塔最长分段的 1.5 ~ 1.75 倍，一般 220 ~ 500kV 铁塔内拉线抱杆全长可取 10 ~ 13m。

3. 上拉线和下拉线

上拉线由 4 根钢绳组成，一端固定在抱杆顶部，下端固定到已组铁塔主材节点上。下拉线由两根钢绳穿越各自平衡滑车，4 个端头固定在铁塔主材上。

4. 腰环

作用在于提升抱杆时稳定抱杆。

5. 起吊系统腰滑车

腰滑车作用是使牵引钢绳从塔内规定方向引至转向滑车，并使牵引钢绳在抱杆两侧保持平衡，尽量减少由于牵引钢绳在抱杆两侧的夹角不同而产生的水平力。

6.转向滑车

一般挂在铁塔的基础上，直接以基础为地锚。

第七节　非张力放线及紧线施工

一、施工准备

架线施工，指将导、地线按设计施工图纸的要求架设于已组立安装好的杆塔上的工作。非张力（或无张力）放线，是国内外输电线路架线施工中最早采用的一种放线方法。放线的基本特点是，先用人力展放导引绳或牵引绳，而后用人力或机械（拖拉机、汽车、小牵引机等）展放导、地线，导、地线盘处并不对其导、地线施加任何制动张力。也就是说，导线展放过程中基本不受力，故称之为非张力放线。通常，在110kV及以下的电力线，且导线截面为240mm² 及以下，钢绞线截面为7mm² 及以下的电力线路采用人力放线方式。电压等级在220kV及以下的电力线，且导线截面为400mm² 及以下，钢绞线截面为70mm² 及以下，多采用机动牵引放线。

（一）架线施工前的准备

导线被展放在数千米长的线路上，因此，导、地线被展放前，一定要做好准备工作，否则将直接影响各个施工程序、施工环节的进展和施工质量，千万不可忽视。

中标单位接受输电导线路施工任务后，首要工作是熟悉施工段平面图所标示的内容（如导、地线的规格等）；杆塔的类型及特点；根据线路调查情况（如交叉跨越位置）做好施工准备及施工组织设计。

1.架线施工图的审查及技术准备

为了保证架线施工的施工质量，减少返工及差错，必须对架线施工图进行仔细审查。架线施工图主要包括电气部分的杆塔明细表、机电安装图及相应的施工说明书。

　　施工图的审查由项目技术负责人主持，由技术、供应、质检及施工队有关技术人员参加。审查发现的主要问题应向公司总工程师汇报后，再向设计单位提出。

　　架线施工图的审查应与杆塔安装图相联系进行审查。架线施工图审查的主要项目是：检查架线施工图的数量与相关的施工图是否相一致，如绝缘子串（也称瓷瓶串）与杆塔的挂线孔配合是否恰当，检查架线施工图本身有无差错，有无矛盾。

　　架线施工图数量的检查由工程项目总工程师负责。检查内容包括：在全线路分段架线时，图纸能否满足需要。应整理一套完整的施工图交档案室备查。

　　（1）进行线路调查，重点是交叉跨越及障碍物的情况调查。线路调查的目的是为架线技术措施的编制提供依据，其项目包括：沿线交通运输及地形条件，线路通道内障碍物（树木、房屋等）拆除情况，沿线交叉跨越的情况，应包括被跨越物的物主及标高，有无原设计图未注明的障碍物及交叉跨越物等。

　　（2）编写架线施工手册。由项目技术负责人组织参加施工的技术人员进行编制。编制前必须对架线施工图组织会审并由设计代表对提出的一些问题做了书面答复。编写内容应包括：架线施工有关说明，放线、紧线、压接及弧垂观测方法，绝缘子及金具串的连接图，跳线安装要求，换位示意图，电气杆塔明细表等。

　　（3）编写架线施工技术措施（包括架线施工）。

　　（4）架线施工的技术交底。

　　（5）对导、地线连接管及耐张管进行检验性压接试验。

　　（6）对组立杆塔的质量进行复检。

　　2.材料准备

　　（1）架线前必须做好材料准备工作，其内容包括：编制架线施工的装置性材料及消耗材料计划。根据材料计划表，核对已到货数量并检查质量。各种架线材料，如导、地线，绝缘子，金具等，包括其型号、规格与设计图纸是否相符合等必须取得出厂产品合格证后，方可送至施工现场。

　　（2）架线材料的质量检查。架线施工的主要材料是架线材料、绝缘子及各种金具。绝缘子的类型很多，如按绝缘子材质分为瓷质、钢化玻璃绝缘和合成绝缘子 3 种；按用途不同分为导线绝缘子、地线绝缘子及拉线绝缘子 3 种；按连接力式分球绞圆盘（悬式）绝缘子、槽型及针式绝缘 3 种，还可按使用地区分为一般绝缘子和防污绝缘两种。

电力线路的金具类型，按其作用分为悬垂线夹、耐张线夹、连接金具、接续金具和防护金具五大类型；按材质分为可锻铸铁、锻压件、铸铁、铝、铝合金 5 类。

3.机具准备

根据技术部门提出的机具清册，机具部门清点现有机具，查明应补充订购的机具，确保机具数量、质量满足施工需要。

架线的机械设备，对于张力放线来说所选用的牵引机、张力机、机动绞磨、液压机等必须在架线前进行检查并维修保养，确保设备状况良好。牵引及起重器具均不应以小代大。

架线施工，展线（导、地线）或绳（牵引绳、导引绳），均要使用放线滑车。放线滑车是为专门制造的，它分钢质、铝质和胶质滑车 3 种类型。用于放线的滑车的必须转动灵活，具有足够的机械强度，不仅能耐磨，而且不易损伤导线。

通常钢质滑车用于避雷线放线，铝质滑车用于放导线。铝质滑车又有单轮、双轮和多轮（如四轮、五轮、六轮，用于张力展放多分裂导线）。

除使用放线支架外，也有采用地槽支架和放线架设搁置线盘。地槽支架线盘，是最简单的方法，即挖一个带斜坡的地槽，将线盘装上轴杆后，慢慢推滚于地槽，使轴杆的两端支在地槽的垫木上，因此，称之为地槽支放法。

架线施工还要用到起重工具，如钢丝绳、起重滑车、手板葫芦、卸扣、钢管地错，角铁桩等应进行外观检查，不合格者严禁使用。在架线施工中的跨越电力线路、往往有可能用到电气绝缘工具，该类工具必须定期试验。

架线施工中的跨越电力线路，往往需使用电气绝缘工具，对这些工具必须定期试验。

（二）跨越架类型及跨越架搭设

当放线通过不能中断运行的铁路、公路、通信以及不可中断的输电线路时，应在这些位置点搭设跨越架，以保证施工安全。输电线路施工术语，称这种跨越已有建筑物和构筑物的架线施工，则称之为跨越施工。

1.跨越架的类型

对于跨越架进行分类，目的在于设计不同跨越架之前明确其用途及类别，以便针对不同类别跨越架提出不同要求。

按跨越架架线布置方式不同，分为单面单片、双面单片和双面双片。

单面单片常用于要求宽度不大，高度较低的被跨线路，如广播线路、一般通信线、低压配电线路或乡村公路等。

双面单片多用于跨越一般公路、通信线路、低压电力线路等，在被跨越物的两侧各搭设一片单架并在架顶做封顶的叫双面单片跨越架。

双面双片多用于被跨物为铁路、主要公路、高压电力线、重要通信线路等重要目标；为了提高跨越架在搭设和使用过程中的稳定性、承载能力，而在被跨越物两侧各搭设两片单面跨越架，并连成立体结构，称为双面双片跨越架。

按跨越架使用的材料分为：竹（或木杆）跨越架，小钢管跨越架，钢结构式（包括钢管或角钢）跨越架，铝合金结构式跨越架和钢绞线或钢丝绳索的跨越架。

按跨越架封顶的方式分为5类：不封顶式跨越架，竹（木）封顶跨越架，用尼龙绳和竹竿混合封顶的跨越架；用尼龙网封顶的跨越架和用高强纤维封顶的跨越架。

跨越架，除按上述分类外，还可按重要性、按被跨越物等方法分类。

特殊重要跨越架，是指具备下列条件之一者：跨越架的高度为35m以上，跨越220～500kV电力线的不停电架线。重要跨越架的条件之一是：跨越架的高度为15m以上、35m以下，被跨越为10～110kV电力线的不停电架线；一级及军用弱电线；高速公路；电气化铁路及编组站等。除特殊重要跨越架、重要跨越架所具备的条件之外的跨越架，即为一般跨越架。

另外，跨越线还可按结构形式分为梁柱式和网格式及简易网格式。

2.对跨越架搭设的基本要求

重要跨越架及特殊重要的跨越架必须经过专门的设计，架线应对现场的平断图进行测量并绘制平断面图，为制订跨越方案提供依据。这类跨越架搭好后必须由项目安全负责人组织验收。验收内容包括是否按规定的跨越方案施工、是否符合安全规程的要求、是否设置警告牌。

对于一般跨越架，可不制订专项施工方案，但应在架线施工技术措施中提供技术要求，包括跨越架的材料规格，搭设高度、宽度、跨距，是否打拉线，是否封顶，等等。

跨越架应牢固可靠，具有相应架线方法允许的承载能力。对与非张力架线，应保证导线或机械牵引的牵引绳在架顶通过时具有足够的强度和刚度。对于张力架线，除保证正常情况下承受线（绳）的垂直压力和水平力外，还应考虑能承受事故跑线情况对跨越架的冲击力。为降低线索通过时金属结构越架，除在横担顶部设置胶轮滚筒以减少跨越阻力外，还应考虑在正常情况及事故情况下具有结构强度、整体及局部稳定性等问题。

二、非张力放线施工

导线放线分为非张力放线（无张力）和张力放线。根据架线工艺流程的一般要求，跨越架搭设完毕，紧线段内杆塔检查验收合格，即可开始进行非张力放线施工。

导线展放工作是输电线路施工中的重要环节之一，应力求使导线在展放过程中不发生磨损、金钩、凸肚、硬弯和断股等，以使其不降低机械强度，不减少导线截面，不增加运行中的电能损耗。

目前，在 35 ~ 220kV 架线施工中，大多采用人力拖引放线和机械牵引放线，即在地面上直接拖线。这种放线方法对导线有一定的磨损，使导线表面磨成凹凸不平形成毛刺棱角，使电晕电位强度升高，在运行时易引起放电。为此，放线时应在易磨损处用软物支垫，尽量减少对导线的损伤。

（一）放线方式及程序

非张力放线施工方式大多采用人力地面拖线法或机械放线。

1. 利用人力或畜力拖放线

人力展放线。人力展放导、地线不需要什么展放机械设备，展放时可采用数人肩扛导、地线向前敷设。展放完一个放线段，即可用预先挂在杆塔上的滑车及穿入滑车的引线将敷设在地面的导、地线提升到杆塔的放线滑车上，即完成导、地线的展放操作。

这种展放导、地线的缺点是需耗用大量劳动力，并且拖放线所经过线路走向势必损坏大面积农作物、经济林等。人力拖地展放线，平地人均可负重约 30kg，山地人均可负重 20kg。

畜力展放线，即利用畜力向前敷设，具体工艺与人力展放线相同。

在地面条件许可时，可使用行走机械等牵引，能节约大量劳动力，但牵引速度不要过快，基本与步行速度相同。这种放线方法是在导线展放前，先用人力展放一根牵引钢丝绳，一端与导线连接，另一端以机械为动力拖动牵引钢丝绳，带动导线在地面上拖引，使导线依次通过各杆塔的放线滑车进行展放。在拖引时有较小的张力。放线特点是：在线轴上不对输电导线施加张力，输电导线自然拖地。随着输电导线对地、对放线滑车的摩擦阻力的不断增加，才逐渐离开地面。

2. 机械放线

机械放线分行走机械和固定机械拖地展放线两类。

（1）行走机械（如汽车、拖拉机）的展放方法：在展放导、地线前，先用人力牵引一根钢丝绳，一端与导、地线连接，另一端以机械为动力拖动牵引钢丝绳，带动导、地线在地面拖引，并有领线组织指挥行走机械、畜力沿线路方向前进，到第一基杆塔时再向前将线头展放几十米（一般为杆塔高的2倍）后，停止牵引，并将线头牵回杆塔下方用引绳将其吊上第一基杆塔上的放线滑车。线头穿过杆塔上的放线滑车放至地面，再继续向前牵引展放，到第二基杆塔时再按前述方法将展放线头穿过放线滑车放至地面，如此放一档线挂一基杆塔，直至展放完一个耐张段线路。

机械牵引一般采用 6×37 结构的 $\Phi 11 \sim \Phi 13$ 钢丝绳，钢丝绳长度一般为 $800 \sim 1000m$，牵引绳之间用 $\Phi 4.0$ 小钢丝绳的活头套上绕成绳箍连接，绳箍至少绕4圈。牵引绳与导、地线采用蛇皮套连接。蛇皮套的尾部应用12号铁丝绑扎 $12 \sim 15$ 道。

（2）固定机械（如机动绞磨或手扶拖拉机）拖地展放线与上述人力展放和行走机械不同。通常不是直接展放导、地线，而是通过展放牵引绳后，再用牵引绳牵引展放导、地线。固定机械牵放所用牵引绳，应为无捻或少捻钢绳，使用普通钢绳时，牵引绳与输电导线之间应加防捻器装置防扭。

牵引放线的速度一般控制在每分钟20m以下。牵引放线的长度，在平地或地势平缓地带，一般允许拖放一轴线（2000～2500m）。如牵引段两端地势有高差，应根据绞磨受力大小加以控制，一般绞磨进口处的牵引绳张力不宜大于2t。对交通不便之处，应将导线从线轴中盘成小线盘，不宜采用连续牵引放线。

（二）非张力放线安全要求

（1）交叉跨越处及每隔三基杆的下方应设信号人员监视放线；以便监视可能出现线索跳槽，接续管卡在放线滑车及放线滑车转动不灵活，导、地线磨伤等现象；发现导线跳槽，应即时发出信号停止放线，以避免拉断导线或倒杆。

（2）放线架（轴）应安置牢固，制动灵活，防止导线从线盘上松脱形成硬弯、背花等缺陷，当导线盘上的导线接近展放完毕时，应减慢牵引速度，防止导线尾部甩出鞭击伤人。放线盘应设专人操作，并注意控制放线速度，防止导、地线跳偏、松脱等。

（3）在制造过程中，若导、地线有断股、磨伤等外界质量缺陷，一般都在缺陷处做有标记，因此，在放线过程中，应认真检查外观，发现标记处应查明缺陷，待放线结束后将导线按施工质量标准进行处理。

（4）当人力牵引导线时，拉线人之间要保持适当距离，以不使导线拖地为宜。领线人应对准前方不得走偏。放线时每相导线不得交叉，随时注意信号控制拉线速度。如遇险坡应先放导引绳或采取设置扶绳等措施。

（5）当采用牵引导线时，牵引钢绳与导线连接的接头通过放线滑车时，应专人监视，牵引速度每分钟不宜超过 20m。

（6）用拖拉机牵引放驾驶员应随时注意信号，防止拉断导线或倒杆塔，确保放线施工的安全进行。

（7）为保证展放导、地线的质量，展放线经过岩石或坚硬地质地段，应在导、地线下垫木、草袋等防磨损。

（8）为避免展放导、地线绕过滑车弯曲松股现象发生，在展放线穿过放线滑车时，不得垂直下拉。

（9）展放线不能当天紧线，应将其临时收紧锚固，并保证不妨碍跨越物的正常运行。

（10）放线前，经用户同意登杆断开被跨越的低压配电线以及次要的通信线时，登杆前应检查杆根牢固情况，以防登杆后倒杆引起人身伤亡事故，断开的导线应暂时绑在杆柱上，避免任意摆动。

（11）在架线过程中，无论是采用无张力还是张力放线，如附近有高压架空电力线路平行时，在架线施工的导线、牵引绳、拉线以及施工机具就会感应有电压和电流。因此，在施工作业中就会有触电的感觉，为保证人身安全，在施工架线时需考虑防静电感应措施。具体措施如下：①在采用非张力放线时，虽然导线或牵引钢绳的展放与地面接触，但并没有良好的接地效果，仍会有触电的感觉。因此，应将牵引机具，放线滑车、导线盘的线尾、钢架等良好接地。②在切断导线时应戴绝缘手套进行剪切。③导线需通过接地的滑轮良好接地。④当采用不停电跨越架线时，操作机具设备人员应站在绝缘垫上，以防展放的导线接触被跨越的带电导线时发生人身触电事故。

三、非张力放线紧线施工方式选择

导线放好后，紧接着的下一道工序就是将导线收到导、地线的横担上去，这道工序称为紧线。非张力放线紧线原则及紧线顺序，一般是先紧地线，后紧导线。三相水平时，先紧中导线，后紧边导线。若为双回路且导线为垂直排列时，应先紧上导线，再紧中导线，最后紧下导线，并应左右交错进行。

紧线的现场布置与紧线方法有直接关系，紧线方法有单线、双线或三线紧线法，非张力放线紧线应用最普遍的是单线紧线法。

（一）单线法

最普通、最常用的紧线方式，适用于较大截面导线的施工。施工术语中称为"一牵一"紧线法。被广泛使用于紧线工作中，因为这种方法所用的牵引力小，紧线设备也少。所用工器具承受的拉力小，准备工作也比较少，紧线过程所使用的人力也少。但是这种方法的工程速度进展较慢，三相之间的弧垂要求调到完全一致也不容易。其三相紧线的次序是：当三相导线水平排列时，先紧挂中线，后紧挂两边线；当导线为三角形排列时，应先紧上线，后紧两下线。

（二）双线法

施工中用于收紧两根输电导线或两根边导线，双分裂导线。其方法是收余线，临时锚线，再装卡线器进行紧线。它在220～330kV双分裂导线紧线中经常采用。

（三）三线法

一次同时收紧三根导线。一般线路的三相导线同紧，三分裂导线的同紧等都采用此种紧线方法。三线紧线法的优点是工程进度快，同时也避免了三相弧垂的不平衡缺陷，但是它的场面大，使用工具多，准备时间长，紧线中所需要的人也较多，其效率并不像想象中的那么好，因而一般不大使用。

四、非张力架线地面紧线施工

地面划印紧线是指在耐张杆塔上紧线时，将耐张杆塔上的高空紧线滑车改为悬挂在塔身接近地面高度的塔身处，即让划印操作人员能站在地面或接近地面处就能进行划印，弛度观测、紧线。这种划印架线方式又称传统法。

地面划印紧线有传统法和投影法两种。

地面划印紧线施工的最大特点，是避免高空划印和高空划印后落地时，由于陡峭复杂的地形引起输电导线窜落过大而使割线、压接、连接耐张绝缘子串和耐张线夹等安装操作困难。

（一）划印滑车布置

划印滑车前必须布置好紧线滑车，即划印用的滑车，故也称划印滑车。划印滑车的布置有两种方式：一是布置在挂线孔投影的地面处，用角铁桩或地锚固定这种布置方式可以简化计算，但有划印滑车不好固定的技术问题，因而大多数场合用后一种，即布置在塔腿或电杆的下段近地面处。

对于操作杆塔为水泥杆时，划印滑车通常应布置在距地面约 1m 处的电杆杆身上；当操作杆塔为铁塔时，则划印滑车应布置在地面 1.5m 处的塔腿。

（二）地面划印操作应注意的技术事项

为避免现场施工操作与设计计算不相符合的问题，划印滑车必须按施工设计要求布置；其所作的划印记号应垂直线路方向对正电杆中心线或对准铁塔主材边缘的导、地线上划印。划印处应尽可能在导、地线本体上操作；如果在牵引的钢丝绳上划印，导线应在拉紧状态下与钢丝上印记比量进行移印。

另外，当导、地紧线操作过程中划印滑车贴紧铁塔主材时，要在滑车与铁塔主材之间垫以方木隔离，以防止磨伤导线或主材，出现不必要的施工问题。

（三）附件安装保护

安装线夹使用的导线提线钢绳和提线钩，均应包胶处理，提线钩与导线接触长度不得低于 100mm；在拆除放线滑车时，使用钢丝绳将滑车慢慢放到地上，钢丝绳应避开导线，防止钢丝绳或滑车磨损导线；传递工具附件等，宜使用白棕绳，传递的工具、附件在传递中不得碰撞导线；安装人员不得穿硬底鞋和带钉鞋底登踏导线；在超高压输电线路中，为了防止线路电晕，有的在绝缘子串上安装有均压环、屏蔽环、均压屏蔽环，在进行附件安装时应严禁脚踩该构件，以防损伤。划印后，将线松回地面，即可进行耐张塔的挂线操作。

（四）紧线质量要求

紧线后的弛度误差应符合标准，即弛度正误差不大于 5%，弛度负误差不大于 5%；正负误差的绝对值不得超过 0.5m，弛度大于 30m，误差不得超过正、负2.5%；相间不平衡：水平排列小于 200mm，非水平排列小于 100mm。

第八节　张力架线及紧线施工

一、概述

在输电线路架线施工中，利用牵引设备展放架空导线，使架空导线带有一定张力，始终保持距离地面和跨越物一定高度，并以配套的方法进行紧线、挂线和附件安装的全过程，称为张力架线。利用张力机、牵引机等设备，在规定的张力范围内悬空展放导、地线的施工方法。由于张力架线能提高施工质量，能解决放线施工中难以解决的某些技术问题，适用面广，因此，被视为 330 ~ 500kV 输电线路施工优先选用的架线施工方法。

（一）张力架线的优缺点

1. 张力架线的优点

（1）张力架线的特点是，在展放过程中导线始终处于悬空状态。因此，避免了与地面及跨越物的接触摩擦损伤，从而减轻了线路运行中的电晕损耗和无线电可听噪声干扰。同时由于展放中保持一定张力，相当于对导线施加了预拉应力，使它产生初伸长，从而减少了导线安装完毕后的蠕变现象，保证了紧线后导线弧度的精确性和稳定性。

（2）使用牵、张机构设备展放线，有利于减轻劳动强度，施工作业高度机械化，速度快，工效高，人工费用低。

（3）放线作业，只需先用人力铺放数量少、重量轻的导引绳，然后便可逐步架空牵放牵引绳、导线等。由于在展放导线的全部过程中导线处在悬空状态，因此，大大减少了对沿途青苗及经济林区农作物的损坏，具有明显的社会效益和经济效益。

（4）用于跨江河、山区、泥沼地、水网地带、森林等复杂地形施工，能有效地发挥其良好的经济效益。例如，跨越带电线路，可以不停电或者少停电；跨越江河架线施工，不封航或仅半封航；在跨越其他障碍施工时，可少搭跨越架。

（5）可采用同相子导线同展同紧的施工操作，因此，施工效率成倍增加。这里除了需要大型机械设备外，不需要增加牵引作业次数。

（6）在多回路输电线路架线施工中，能保证各层导线、地线处于不同空间位置，放线、紧线分别连续完成，而非张力放线是无法实现的。

2. 张力架线的缺点

（1）跨越时受外界条件约束（如停电时间、封航时间），失去施工的主动性。

（2）施工机械的合理配套以及机械设备的适应性及轻型化有待实现。例如，一套一牵四放线的张力放线设备，配备相应的其他机械和工器具，总重量约为70 ~ 100t。如果主牵引机、主张力机、小牵引机、小张力机采用拖运方式运输，若用载重10t的汽车搬运要7 ~ 10辆汽车，若用火车运输也要2 ~ 3节平板车和一节棚车，还不包括通用机械、汽车吊及拖拉机等的运输。张力架线施工组织复杂，人员配备多，需200人左右，这样庞大的组织机构用于山区、水网地带等施工，有待于优化组合和科学管理，而庞大的施工机械也难以适用于山区、水网地带等特殊恶劣地质条件的施工，因而有待于小型化、轻便化。

（3）张力架线施工采用标准流水方式作业，严格的施工组织和施工管理，还有待于深入研究。

（二）张力架线用主要机械、工器具的选择及要求

1.张力机及线轴架

在张力放线中起控制被牵引线索（导、地线，牵引绳，导引绳等）的放线张力大小的施工机械，称之为张力机。它包括大张力机及小张力机。张力机上盘绕导线或其他被牵放线索的机构，称张力轮。主张力机的张力轮又称导线轮。

张力机按制动方式分为液压制动、机械摩擦制动、电磁制动和空气压缩制动张力机；按放线机构的类型分为双摩擦卷筒张力机、滑动槽链卷筒张力机、单槽包角双摩擦轮张力机等。另外，还有将牵、张机械做成自行驶式，其动力由车辆或拖拉机的发动机经取力装置提供。

对张力机用于展放导线的基本要求。张力机，在展放导线过程中，放线卷筒上产生制动阻力矩，使所展放导线能保持一定张力，以保证导线与地面、跨越物之间有一定净空距离。为此，在施工设计时，应考虑下述基本要求：①能连续运转（有时需达 2 ~ 3h）长时间工作；②能无级控制放线张力，特别是展放多分裂导线，因各根导线上的弧度常常会有差异，必须能对其中某根导线的张力进行调整，以保持各根导线上的张力基本相等，保持稳定，防止牵引板翻转；③能实现恒张力放线，以便简化操作，减轻操作人员的劳动强度。即在放线作业开始时，将张力调整到要求数值，在放线过程中不再改变；④在放线过程中，由于某种原因（如张力机液压系统出故障）会使张力下降，甚至消失，这时要求张力机上的制动装置能自行制动，停止展放导线，防止导线弧度太大而落地或触及跨越物，影响放线质量。

张力放线中使用的线轴架，除将线轴架离地，使导线自由展放外，尚需使张力机后线轴前的导线也具有适当张力（称张力机的尾部张力，是由线轴架对线轴施加适当制动而产生的）。尾部张力应保证导线不在线轴上松套，不在导线轮上打滑。

2.牵引机及钢绳卷车

在张力放线中起牵引作用的放线机械，称牵引机。它的作用是控制放线速

度，但不控制放线张力，并为钢绳卷车提供动力。

牵引机包括主牵引机、小牵引机等。按动力传动方式可分为机械传动、液力传动、液压传动和混合传动 4 种。国内牵引机最大牵引力可达 100kN 以上。设计常用牵引速度为 120m/min、20m/min 等几种机型。

（1）牵引机用于导线牵引作业的要求

由于牵引机主要用于导线牵引作业，因此，要求：①在整个放线过程中，牵引机在满足放线所需牵引力和牵引速度的同时，还要能按放线工况要求，随时调整牵引力和牵引速度的大小，此外，还要有过载保护能力；②在放线过程中因故停机时，为防止导线落地，导线上的张力一般应继续保持原来的数值。当牵引机再启动时，牵引钢丝绳也仍保持原有张力不变，即必须保证能满载启动；③能在某些情况下，如处理导线或钢丝绳跳槽，必须使牵引卷筒能反向转动；在牵引过程中发生事故的情况下能紧急停车，能自动快速制动；④对一次牵引展放导线长度的要求一般为 5 ~ 8km。此外，还要求牵引机的体积小、重量轻、操作简单、维护方便、便于转场运输，在运转时噪声要小，一般不得超过 90dB。所以，在施工设计时，应根据现场使用情况和施工单位条件全面综合考虑，选用合理的牵引机，以满足上述工程要求。

牵引机在某种意义上来说，实际上是一种特殊的卷扬机。除主要用于张力放线作业施工外，还可用于线路施工中需由绞磨等卷扬设备完成的其他各种施工作业，有时可用作组立杆塔的牵引设备，但使用价格贵、不经济，不宜提倡。

（2）钢绳卷车

钢绳卷车，实际上是一种钢绳式卷扬机械（不独立的卷扬机）。主要用来配合牵引机将牵引机牵来的钢绳回盘到钢绳卷筒上的一种机构或机械。

3. 导引绳和牵引绳

用于牵放牵引绳、二级以及各级导线钢绳统称导引绳。导引绳一般按 800 ~ 1200m 长度分别成段。两端制成插接式端环。铺放后，段与段之间用特制钢绳连接器（按许用载荷选用）连接。牵引绳的分段长度按 1000m、3000m 进行分段，有的甚至要求高达 5000m 分段长度。用于牵放导、地线的钢绳统称导、地线牵引绳。

4. 放线滑车

任何一种放线施工工艺都缺少不了放线滑车。它的作用是在放线过程中起支承线索的作用。用于张力放线的滑车的质量要求比较严格，因此，应注意以下几个主要方面。

（1）滑车轮数应符合牵放方式。三轮滑车可用于一牵二或一牵三放线。330kV及以上线路多用五轮挂胶滑车，采用一牵四放线方式。

（2）滑车的尺寸应与牵引板尺寸配合，同时应通过工艺性试验加以验证。

（3）支承导线用的滑车，轮槽表面应不损伤导线且能吸收导线振动。如在轮槽底金属层上补垫橡胶或橡胶合成（最好不绝缘）的挂胶滑车。

（4）支承钢绳的滑车，轮槽表面应既不损伤导引绳、牵引绳，又不会被其导引绳、牵引绳所损伤，同时应具有一定的使用寿命。对于既支承导线又要支承钢绳的滑轮，其轮槽表面也应与前述要求相同，即使用挂胶滑车。

（5）荷载作用（允许滑轮上施加600～800m的相应线索的重力）下，滑车性能应良好，综合阻力系数小。

（6）除上述要求条件外，施工时滑车各零件受载后应无变形、失效现象，滑车轻便旋转自如，活门开启关闭灵活，轮槽挂胶无破损、无脱落等问题。同时还要注意保护，定期清洗、灌油，以保证放、紧线能顺利进行。

5. 连接器

放线作业的导引绳、牵引绳都是分段布线。布线后，需将邻段连接起来。一段牵引绳放完后，也要将另一段与之相连接后继续牵引，直到与施工段等长为止。此外，导引绳也需与牵引绳相连接，牵引绳亦需与导线相连接。

（1）连接器简介。连接线索使用的连接器有蛇皮套（又叫钢绳套或猪笼套）、旋转式连接器（又叫防捻器）、对开式不旋转式连接器、重型旋转式连接器和无头钢绳环和放线牵引板。

旋转式连接器用于钢丝绳和牵引板、导线以及牵引展放单根导线时钢丝绳和导线等之间的连接。在承受张紧力的情况下能反方向自由旋转，消除各种情况下产生的回转力矩。

无头钢绳环用于没有专用不旋转式连接器或连接器数量不足时，不能用普通螺纹销直形U形环（卸扣）连接导引绳或牵引绳。因为U形环通过放线滑车时阻力大，易损伤滑车，且不能通过牵引机卷扬轮。此时应采用完整的普通$6 \times \Phi 37$结构的钢绳上拆下的单根钢丝股，穿在被连接的两钢绳端环内，顺原钢绳顺次编绕，至每一断面都有六个钢绳股，再将两绳端头插入已编成的绳内，形成一个无头钢绳环，将导引绳或牵引绳连接在一起。

网套式连接器，一种插入式柔性连接器，有单头和双头两种，分别用于导线和钢丝绳的连接和导线之间的连接。单头网套式连接器用于钢丝绳或牵引板和导线的连接。双头网套式连接器用于导线之间的连接，它的大致结构同单头的基本相同，所不同的是网套连接器两端均为多股编织的网套（也可做成变股编织网套）。

（2）连接要求。①连接强度不应低于线索本身强度，当将两种不同的线索连接在一起时，连接强度不应低于其中强度较低者。②同型号、同规格、同捻向的导引绳、牵引绳、使用不旋转连接器连接；不同型号、不同规格的线索，应使用旋转连接器连接；不同捻向的导引绳、牵引绳不宜连接在一起使用；导引绳捻向最好与牵引绳相同，但无论同与不同，均只能用旋转连接器连接；牵引绳与导线也用旋转连接器连接。但不同规格的无扭矩编织式钢绳，可以用不旋转连接器连接。③张力放线中所用的各种连接器，除抽样做破坏性试验以验证其极限强度外，还应要求制造厂家逐个进行允许荷载的静拉伸试验。在允许荷载下，任何一种连接器均不得产生任何形式的变形，旋转连接器应能旋转自如。连接器使用前应进行外观检查。在使用时应按标准方式装配，所有滚轮、螺栓、销钉等均应安装到位。④当一端呈圆球形而另一端基本为圆截面的连接器，在安装时应将呈圆球形的一端朝向牵引机，以便连接器通过放线滑车和牵引机卷扬轮。两端均呈圆球形的连接器，对安装方向没有特殊要求。⑤张力放线专用的不旋转连接器，一般允许通过牵引机卷扬轮。旋转连接器，则不允许通过牵引机卷扬轮。否则，会损坏连接器，重则断裂，造成跑线事故。当使用旋转连接器连接，连接点又需要通过牵引机卷扬轮时，解决的办法是在连接器接近卷扬轮时停止牵引，用钢绳卡线器卡住钢绳并锚住，稍微松一点车，将旋转连接器更换成不旋转连接器，然后再通过卷扬轮。当连接器通过卷扬轮时，应适当减慢牵引速度，机械操作人员应站在安全位置，牵引机前方和线索附近不得有其他人员停留。

6.牵引板

张力放线用一根牵引绳同时牵引数根导线，通常用牵引板实现牵引。牵引板从张力场开始，前端通过旋转器与牵引绳连接，如牵引绳受力后产生扭矩便会通过旋转器而释放，不会传至牵引板，以保持牵引板对称布置牵放的导线。牵引板中心线的尾部悬挂有链式重锤（或称平衡锤），以保持牵引板的平衡，防止导线扭绞。

7.抗弯连接器

它用来导引绳、牵引绳各段之间的连接。连接应注意：连接器的圆环要靠近牵引机侧；销钉上的圆圈不要缺少，销钉应拧至最深处并拧紧。

二、牵引场及张力场布置

张力放线是利用牵引机、张力机等设备，在规定的张力范围内悬空展放导线的一种放线方法。它是整个张力架线施工中的核心，它影响和控制全工序的进度。因此，必须选择好牵、张场及布置好牵引机、张力机。

（一）牵、张场的选择

牵、张场的选择和确定分室内选场和室外选场。

1.室内选场的要求

（1）不仅要求牵、张场布置场地平缓，有足够的面积，而且其长、宽尺寸应能满足施工机具的安装要求，其施工设备材料可直接运入场内。

（2）按设计要求保证与相邻杆塔保持一定距离（指放线时张力机导线能离开地面及被跨物距离），并能保证锚线角和紧线角的要求。

（3）为减少复杂的紧线工作量和减少临锚升高的不方便操作等问题，在耐张塔前后挡内尽可能不设或少设牵、张场，也不宜设牵、张场。

（4）在选场时应优先考虑张力场的选择；对于牵引场因其占地面积小于张力场，但应考虑其能方便地进行转向施工布置。

2.室外选场的要求

主要是对室内所选牵、张场的地形、位置、交通运输条件、场地大小、施工条件及应整修场地道路的工作量进行实地调查和比较，从而筛选出较为合理而优良的方案。因此，凡具有下列情况之一者，应不宜做牵引场：

（1）有重要被跨物或交叉跨越次数较多的地方；

（2）按规定不允许导、地线有接头的档内；

（3）需要以直线塔、转角塔作临锚时；

（4）相邻杆塔悬挂点与牵、张场进出线点高差较大时。

3.施工段长度的划分和优选

（1）一般情况下的施工段划分。只要一端有张力场地，另一端就必须要有牵引场地（包括转向场地），两场地间杆塔数量又不超过允许放线滑车数量，即可将两场地间的线路段作为张力架线的施工段。通常，施工段越长，放线机械的有效工时在总工时中所占的比例越大，综合经济技术效益也越高。但过长的施工段必然出现：在地形比较复杂的地区，使得调整弧度及附件安装困难。

紧线结束到附件安装完毕（一般要求不超过48h）这段时间过长，可能导致在规定的时间内完成附件安装带来困难。也就是说，未完成附件安装的导线停留在滑轮槽内，由于振动、往复位移会损伤导线，严重时还会使导线出现断股现象。另外，分裂导线之间在风的影响下会出现鞭击等磨伤导线。这样一来，必然使得放线滑车数目增多，导线的交替弯曲和局部挤压的次数增多，造成铝股焊头断裂和层间压伤等问题。

鉴于上述不利因素，要求：①控制滑轮底槽直径与导线直径之比在 10 ~ 15倍范围内；为使磨损较小以及导线通过滑轮的个数不超过 15 个，以便减少磨损。②为使磨损较小、铝胶焊头将很少出现断裂，层间也不会出现压边痕迹及保证导线在滑车上有足够的包络角，导线通过滑轮的个数不超过 15 个；当导线通过滑车数 15 ~ 20 个时，铝股焊头偶有断裂或层间压伤痕迹，磨损急剧上升；导线通过滑轮个数超过 20 个，特别是超过 25 个时，由于线股滑股次数增加，造成导线断股、错股、直径缩小、焊头断裂和层间压伤的可能性急剧增加。故此，施工段的导线通过放线滑车的理想个数一般为 15 个及以下（含通过导线的转向滑车）。施工段内因选择牵、张场地非常困难，其放线滑车数也应以 18 ~ 20 个为宜。③控制施工段长度在理想长度（超高压线路的平均档距为 300 ~ 400m）范围内，一般为 5000 ~ 6000m，特殊情况下的施工段长度允许 7000 ~ 8000m；但根据四川省送变电公司的施工经验记录，有几十千米的施工段。④尽可能满足牵引机、张力机以及辅助设备和器材的运输要求。⑤尽量使放线施工段内导线的接头最少。即放线施工段不应划分在不允许有导线接头的档距内，亦不应划分在直线转角塔、不允许用临锚塔的杆塔处和跨越带电线路的档内。

（2）特殊情况下的施工段划分（跨越段自成一个施工段）。线路中有大、中型跨越耐张段时，跨越段导、地线规格常常不同于一般线路段。若跨越段与一般线路段张力相差不大时，可以将其接续在一起进行展放。这时可将跨越段与一般线路段统一划分施工段，最后在分界塔上断开挂线，分别做紧线施工。若跨越段与一般线路段放线张力相差甚大而不能接续在一起进行展放线时，应将此跨越段作为一个施工段，亦自成一个施工段。跨越段与相邻耐张段做一个施工段。

当要求个别耐张段采用特殊的放松张力紧线时，用以解决地线对导线的保护角等问题，只要相邻两个耐张段紧线张力差不会给紧线造成特殊困难，可将此跨越段与相邻耐张段做一个施工段，再在紧线和附件安装中将其各自张力调整为设计要求的张力值。

（3）跨越特别重要的跨越物处作为一个施工段。跨越特别重要的跨越物（铁路，一、二级交通情况的公路）时，要适当地缩短施工段的长度以便快速完成跨越施工及保证施工安全。跨越110kV及以上电力线路，通常要求缩短施工段，以便保证能在较短的时间内完成停电跨越施工。为此，在确保安全距离条件下，若条件允许可将张力场设在跨越档内被跨电力线路附近，放线时不停电也不跨越，放线后由张力机吐出部分余线，待停电后用余线越过被跨越物和穿过邻塔放线滑车，再做直线松锚升空或紧线。这种方法即被称为不停电放线停电紧线法。

（4）非标准布置。当不满足上述条件要求设场（张力场、牵引场），即不能实现标准布置方式时，而又希望在该处设场，要将不能设场（张力场、牵引场）变为能设场的特殊布置方式，称为非标准布置方式。实现非标准布置方式，有如下4种。

①转向布置。从与上一施工段分段点相距一段距离处起，直至相距16～20个放线滑车处，在线路中心线上选不出符合要求的牵、张场地，而在线路以外不远处，又有能可供设场条件时，可采取措施利用该场地设场，称为张、牵场的转向布置。

这种布置方式的特点是，转向滑车为一大轮径、宽轮槽专用滑车，允许大荷载、高速度运转，轮槽材料与通过材料相匹配。转向滑车的个数根据转向角度、放线张力和转向滑车的允许承载能力经计算确定。当转向滑车使用个数大于1时，应将每个滑车的转向角度布置成基本相等，以期每个滑车荷载接近，各滑车均匀承担转向荷载。

②循环布置。若将张力场和牵引场设置于施工段同一端的同一场地内，这种布置则称为循环布置，采用循环布置的放线方式叫循环放线。

转向布置的转向角一般不会大于90°。当转向角正好等于180°时，张力场设置在施工段的一端，牵引场设置在施工段中间的某一处，牵引绳端头由牵引场出发向张力场的对端前进，到达对端后经180°转向沿原方向返回，再经牵引场继续前进至张力场去牵引导线，称为返回布置，此种放线方式称为返回放线。

返回放线和循环放线时，在施工段两端中的某一端只设置转向滑车而不设置张力场、牵引场地，此时该转向滑车称为返回滑车。

循环放线的特点是，返回场地的使用面积与牵引场相比很小，不需要回收牵引绳，张力场和牵引场在一起，可减少操作人员，便于管理，并且由于使用循环放线，牵引绳的缠绕量和导线的展放量一定，能稳定地展放导线。

③张力场紧凑布置。当有场地但面积不足以按标准布置方式布置张力场，而又需要在该处设置张力场时，可采取下述措施，尽量缩小需用场地面积，成为紧凑布置。a. 按需要逐步运进需用线轴，这样堆放线轴处的场地面积减少到只堆放一组同放导线线轴需要的面积；及时运出小牵引机牵回的导引绳，使其不占用场地面积。b. 将相邻二施工段张力场间的关系更改为：上一施工段导线放完后，将主张力机转运至原来放置线轴架和线轴的地方，将线轴架转移至原来主张力机的位置处，导线轴亦随之布置。c. 将锚线地锚设在主张力机两侧，使用适当长度的钢绳锚线，使被锚导线的线尾仍能在张力机前要求的位置处，保证做到直线松锚升空时没有余线。在应用这种布置方式时，主张力机宜稍偏于线路中心线，以便于对中相导线进行锚线。此外，牵引场也可采用此措施。

④分散布置。当场地面积不够，但场地附近能供可供利用的其他场地时，则可将一个场地分散布置成几个场地。当若场地的横向宽度不足时，可将主张力机（或主牵引机）及与其直接联动运行的设备、材料布置在一个场地中，成为主场地；将小牵引机（或小张力机）及与其直接联动运行的设备、材料布置在与主场地分离的另一个场地中，成为辅助场地。主场地和辅助场地均可以是标准布置，也可以是转向布置。

（二）牵引场及张力场的布置

1. 牵、张场的布置

张力放线时，牵引机和张力机运输到位后，分别锚定于已确定的放线区段两端。

设置牵引机的一端称牵引场。牵引场的主体设备是主牵引机（俗称大牵）及小张力机（俗称小张），一般顺线路方向布置。

设置张力机的一端称张力场。张力场的主体设备是主张力机（俗称大张）及小牵引机（俗称小牵），均采用顺线路方向布置。

2.张力放线的安全要求和牵、张场布置要求

当采用张力放线时，除满足有关拖地放线的基本要求外，也要符合以下安全要求：

（1）牵引机在使用前，要做好试运转，牵引时先开张力机，待张力机发动并打开刹车后，方可开动牵引机，在停止时，应先停牵引机，后停张力机。

（2）在牵引导线或牵引绳时，为避免其绳索产生过大波动脱出轮槽发生卡线故障，开始的速度不宜过快，然后逐渐加速。

（3）主牵引机中心线应位于线路中心线上或转角塔的线路延长线上，若受地形限制要采用转向装置。

（4）导线轴架的排列，应使导线进入放线机构时同进导线槽中心线之间的夹角越小越好，以减少导线与导向滚轮的摩擦。

（5）因某种原因无法满足导线轴架和张力放线机之间的距离（一般取12～15m），必须在其前方设置提线滑车或采取沿线铺设木板等保护导线的方法。

（6）布置牵、张机的锚固点应距牵引机出口处20～25m以外，以便能使锚线、压接管及牵、张机掉头；同时，要设置一定数量的临时锚线架，供施工过程中各种情况下的临锚之用。

（7）小牵引机位于主张力机左侧前方，并随牵引方向设置转向滑车；小张力机位于主牵引机右侧前方，则与牵引绳卷车之间以不影响主牵引操作为宜。

（8）所有牵引设备均需接地完好，以防架线时产生感应电流造成事故。同时要求张力场端的牵引绳或导线上挂接地滑车，均有良好的接地。当放线段跨越或平行接近高压线路时，则牵、张场两端均应挂接地滑车。接地滑车分钢轮和铝合金轮，应严格选用。钢轮用于牵引绳（或导引绳），铝合金轮用于导线。

（9）锚固机械的地锚坑宜在全部施工机械及器具、材料等运输到施工现场就位后方可进行挖坑埋置地锚，以免因现场坑多不平而导致进入施工现场的机械行走困难。

（10）为了减少牵、张机转场次数，方便导引绳、牵引绳循环使用，在布置牵引场时，采用"翻斤斗"（或跳跃方式）前进，并将大牵引机与小张力机、大

张力机与小牵引机分别布置在同一场内。

（11）牵、张机等都应按机械说明书进行组装锚固可靠。若无资料，应进行专门设计。总之，在施工时要保证机身稳固，机架受力合理，强度足够。

第四章　施工质量的检查和验收

第一节　输电线路安装工程施工技术管理

一、施工质量管理

（一）原则要求

电力建设必须贯彻百年大计质量第一的方针。为保证施工质量，公司应建立质量管理体系并确保体系有效运行，为保证施工质量满足施工合同的要求奠定良好的基础。施工质量管理工作应坚持依靠群众、专群结合、预防为主防患于未然的方针。应有效实施过程控制，从而实现项目工程施工质量目标。坚持质量专检与自检相结合、质量与经济挂钩、质量与奖惩挂钩的制度。专职质量检查人员应经常深入现场检查、纠正违规作业，严格按质量标准和设计要求进行质量验收。专职质量检查员应由责任心强、坚持原则、秉公办事、具有一定技术水平和施工经验的人员担任。质检人员和特种施工人员均应通过培训合格后，持证上岗。施工项目经施工单位内部验收后，按施工质量验收评定项目划分范围，由建设（监理）单位进行验收；并根据质量监督规定，接受质量监督机构的质量监督。

（二）质量管理机构

公司的各级行政领导正职对施工质量全面负责，各级技术负责人在技术上对施工质量负责。公司设置质量管理机构，配备专业人员；项目部根据项目工程的规模设置质量管理部门，适量配备专职质量员或设专业质量工程师；工地配备专职质量检查员；班组设兼职质量检查员（宜由班组长兼任）。各级管理机构、质检员分别为各级领导和技术负责人的办事机构、办事人员（各级质量管理机构职责从略）。

（三）施工质量的检查验收

1. 公司内部三级检查验收制度

班组自检，施工人员应对施工质量负责，对设备、原材料、加工配制品和设计等质量问题应及时汇报、处理，施工结束应进行自检并做好记录，发现问题即时处理，自检不合格不报验，经班组长复核无误后交工地质检员检查、验收。工地复检，工地质检员对班组提交的质量自检技术记录和实体质量进行复查、评级、签证。项目部质量管理部门质量员负责审查工地提交的质量检查验收单、技术记录和复查签证文件，并进行验收、评级、签证。

2. 建设（监理）单位验收签证

建设（监理）单位对施工质量按已审定的见证点和停工待检点进行检查；并按施工质量检验评定项目划分范围以及对实体质量进行验收签证。施工单位应事先提供检查验收的资料，以备审核。

3. 为保证施工质量做好检查验收工作

（1）对设备、原材料、工器具和计量器具进行严格检验，对不合格者不得使用，应研究处理并记录留存。

（2）加工配制品应由制作单位做出厂检验，合格后方可出厂。制作单位应向用户提交合格证、质保书及技术记录。施工单位接货后应进行核查，经确认后才可使用。

（3）各施工承包单位之间的中间交接验收，应由建设（监理）单位组织进行。

（4）不同工种接续施工的项目要进行工序交接检查。若上道工序不合格，下道工序施工人员有权拒绝继续施工。

（5）按国家或行业颁发的施工质量检验及评定标准评定施工质量等级。

4. 检查验收的要求

（1）未按规定检查验收的项目不算完工，不得转接下道工序；隐蔽工程不得隐蔽。

（2）对各级检查验收中提出的问题，有关部门、有关班组应认真研究处理，及时反馈处理结果，重大问题应做好记录留存。

（3）对于设备、原材料或设计缺陷造成施工人员无法处理的质量缺陷，应认真鉴定、研究对策，由相关单位负责解决，并做记录存档。凡不属于施工责任的质量缺陷且不影响使用时，可不参加施工质量评定的统计。

（4）当分项工程质量评定不合格时，应及时返工处理；分部及单位工程质量不合格者，应进行技术鉴定，决定处理办法。返工重做的施工项目，可重新评定，但对最终达到优良标准者则不可评为优良等级。凡经过加固补强或造成永久缺陷的项目不得评为优良等级。

（5）单位工程的质量等级评定，必须由建设（监理）单位签证。

5.电力建设工程质量监督机构监督检查

按规定未经监督检查通过的机组、变电站和线路，不能启动、不能并网、不能投入运行。

（四）质量文件的管理

施工质量文件的管理按下列规定进行：

第一，项目部质量管理部门、工地专职质检员负责对质量文件进行管理。

第二，各种施工记录由负责施工的单位填写，检验报告由检验单位提供。

第三，项目部质量管理部门定期将验收评定明细表提交计划统计部门，作为考核计划完成的依据。未经验收或质量不合格的施工项目不能列为完工的施工项目。

第四，项目部定期将质量报表报送公司质量管理部门，并按合同规定向建设单位和监理单位提交。

第五，线路试运后，工程项目部应按规定时间向建设单位移交竣工资料。

（五）质量事故处理和质量报告

对施工中发生的质量事故应写出事故处理报告和对施工质量的检验验收报告，并加以妥善管理。

二、施工组织设计

（一）编制目的、原则和依据

1.编制目的

施工组织设计是组织电力建设施工的总体指导性文件。编制和贯彻好施工组织设计，是在施工过程中体现国家方针政策、遵守合同规定、科学组织施工，从而达到预期的质量目标和工期目标、提高劳动生产率、降低消耗、保证安全，不断地提高施工技术和施工管理水平的重要手段。

2.编制原则

（1）遵守和贯彻国家的有关法律、法规和规章。

（2）对项目工程的特点、性质、工程量、工作量以及施工企业的特点进行综合分析，确定本工程施工组织设计的指导方针和主要原则。

（3）符合施工合同约定的建设期限和各项技术经济指标的要求。

（4）遵守基本建设程序，切实抓紧时间做好施工准备，合理安排施工顺序，及时形成工程完整的投产能力。

（5）在加强综合平衡，调整好各年的施工密度，在改善劳动组织的前提下，努力降低劳动力的高峰系数，做到连续均衡施工。

（6）运用科学的管理方法和先进的施工技术，努力推广应用"四新"，不断提高机械利用率和机械化施工的综合水平，不断降低施工成本，提高劳动生产率。

（7）在经济合理的基础上，充分发挥基地作用，提高工厂化施工程度，减少现场作业，压缩现场施工场地及施工人员数量。

（8）施工现场布置应紧凑合理，便于施工，符合安全、防火、环保和文明施工的要求，提高场地利用率，减少施工用地。

（9）加强质量管理，明确质量目标，消灭质量通病，保证施工质量，不断提高施工工艺水平。

（10）加强职业安全健康和环境保护管理，保证施工安全，实现文明施工。

（11）现场组织机构的设置、管理人员的配备，应力求精简、高效并能满足项目工程施工的需要。

（12）积极推行计算机信息网络技术在施工管理中的应用，不断提高现代化施工管理水平。

3. 编制依据

（1）已经批准的初步设计和施工图纸及资料。

（2）工程相关的招、投标文件、施工合同、技术协议、会议纪要等文件。

（3）工程概算和主要工程量。

（4）设备清册和主要材料清册。

（5）主体设备技术文件和新产品的工艺性试验资料。

（6）施工定额资料。

（7）施工队伍情况和装备条件。

（8）现场内外环境条件调查资料。

（二）施工组织设计主要内容

1. 输变电工程施工组织设计的划分

输变电工程施工组织可划分为施工组织设计纲要和施工组织设计或施工组织措施计划两个部分。

（1）施工组织设计纲要依据初步设计和招标文件编制，为施工布局做总体安排，指导编制施工组织设计或施工组织措施计划，是投标书的主要内容之一。

（2）施工组织设计依据初步设计、主要施工图、施工合同和施工组织设计纲要编制，为项目工程做全面安排并指导施工，电压330kV及以上或电压220kV、长度50km及以上或电压为110kV、长度100km及以上的输电工程和电压220kV及以上的新建或大规模改建的变电工程应编制施工组织设计。

上列规模以下的工程可编制施工组织措施计划。

2. 输变电工程施工组织设计纲要内容

输电线路工程可包括：

（1）编制依据；

（2）工程情况；

（3）工程特点及估算工程量；

（4）施工组织机构和人力资源计划；

（5）主要施工方案及措施的初步选择；

（6）总平面布置方案；

（7）主要工程项目控制进度；

（8）施工准备工作安排；

（9）能供应的需求和规划安排；

（10）大型机械设备和布置方案及工厂化、机械化施工方案；

（11）工程项目施工范围划分；

（12）临建数量及采用结构标准的规划；

（13）施工质量规划、目标和主要保证措施；

（14）施工安全、环境保护的规划、目标和保证措施；

（15）满足标书要求的其他内容；

（16）输电线路路径特点；

（17）基础、组塔、架线和接地等分部工程控制进度；

（18）影响项目工程施工进度的主要因素分析和保证工期的措施。

3.输电线路项目工程施工组织设计的内容

（1）编制依据。

（2）工程概况，包括线路路径和项目工程的设计概况及工程量，项目工程沿程地形、地质、地貌和气候条件、交叉跨越、公路交通和地方材料物资资源条件。

（3）施工组织机构设置和人力资源计划。

（4）总平面布置方案。

（5）主要施工方案、措施，包括新型基础和铁塔施工及季节性施工措施。

（6）特殊施工方案，包括桩基、特殊土方开挖、特殊地形和基础处理，特高型铁塔、大跨越、不停电跨越施工等。

（7）分部工程进度和总工期进度计划。

（8）影响施工进度的主要因素分析和保证工期的主要措施。

（9）工程资金使用计划。

（10）施工指挥机构和施工队伍驻地选择和办公及生活后勤保障安排。

（11）物资供应计划，包括设备、原材料的采购、堆放和保管方式，中转站布点，各塔位设备、原材料的运输和供给方式、平均运输半径和运输量的统计。

（12）主要施工机械、机具配备清册。

（13）施工质量规划、目标和保证措施。

（14）安全、文明施工、职业健康和环境保护目标及保证措施。

（15）采用"四新"和降低成本措施。

（16）技术培训计划。

（17）竣工后完成的技术总结初步清单。

输变电工程施工组织措施计划的内容可参照上述内容适当简化。

（三）施工组织设计的编审和贯彻

1. 编审

（1）输变电工程施工组织设计由施工总承包单位总工程师组织编制，技术管理部门负责审核，总工程师审批。

（2）无总承包单位的工程，由建设单位负责协调工作，组织编制各施工标段搭接工序相关的施工组织设计，公司负责编制其承包范围的施工组织设计。

（3）输电工程施工组织措施计划由项目部总工程师组织编制，分公司的技术管理部门审核，分公司总工程师审批，报公司备案。

（4）输电工程施工组织设计一般应在土方工程开工以前编制并审核、批准完毕。

（5）施工组织专业设计一般应在主体施工项目开工以前编制并审批完毕。

2. 贯彻

（1）施工组织设计一经批准，施工单位和工程各相关的单位应认真贯彻实施，未经审批不得修改。凡涉及增加临建面积，提高建筑标准、扩大施工用地、修改重大施工方案、降低质量目标等主要原则的重大变更，须履行原审批手续。

（2）施工组织设计是施工现场各级技术交底的主要内容之一。通过交底讲解应使相关的管理人员和全体施工人员了解并掌握相关部分的内容和要求，保证施工组织设计得以有效贯彻、实施。

（3）各级领导和业务部门应切实保证施工组织设计的贯彻实施。

（4）各级生产及技术负责人都要督促、检查施工组织设计的贯彻执行，及时解决执行中的问题，并组织有关人员在施工过程中做好记录，积累资料，工程结束后及时做好总结。

三、施工图纸会检管理

施工图纸是施工和验收的主要依据之一。为使施工人员充分领会设计意图、熟悉设计内容、正确施工，确保施工质量，必须在开工前进行图纸会检。对于施工图中的差错和不合理部分，应尽快解决，以保证工程顺利进行。

（一）施工图纸会检步骤

会检应由公司各级技术负责人组织，一般按由班组到项目部、由专业到综合的顺序逐步进行，也可视工程规模和承包方式调整会检步骤。会检分为 3 个步骤。

1. 由班组专职工程师（专职技术员）主持专业会检

班（组）施工人员参加，并可邀请设计代表参加，对本班（组）施工项目或单位工程的施工图纸进行熟悉，并进行检查和记录。会检中提出的问题由主持人负责整理后报工地专责工程师。

2. 由工地专责工程师主持系统会检

工地全体技术人员及班组长参加，并可邀请设计、建设、监理等单位相关人员和项目部技术、质量管理部门参加。对本工地施工范围内的主要系统施工图纸和相关专业间搭接工序的有关问题进行会检。

3. 由项目部总工程师主持综合会检

项目部的各级技术负责人和技术管理部门人员参加。邀请建设、设计、监理、运行等单位相关人员参加。对本项目工程的主要系统施工图纸、施工各专业间搭接工序的有关问题进行会检。

一个工程分别由多个施工单位承包施工，则由建设（监理）单位负责组织对各承包范围之间搭接工序的相关问题进行会检。

（二）图纸会检的重点

（1）施工图纸与设备、原材料的技术要求是否一致。

（2）施工的主要技术方案与设计是否相适应。

（3）图纸表达深度能否满足施工需要。

（4）构件划分和加工要求是否符合施工能力。

（5）扩建工程的新老线路及新老系统之间的衔接是否吻合，施工过渡是否可能，除按图面检查外，还应按现场实际情况校核。

（6）各专业之间设计是否协调。如设备外形尺寸与基础设计尺寸、土建和机务对建（构）筑物预留孔洞及埋件的设计是否吻合，设备与系统连接部位、管线之间、电气相关设计等是否吻合。

（7）设计采用的"四新"在施工技术、机具和物资供应上有无困难。

（8）施工图之间和总分图之间、总分尺寸之间有无矛盾。

（9）能否满足生产运行对安全、经济的要求和检修作业的合理需要。

（10）设备布置及构件尺寸能否满足其运输及吊装要求。

（11）设计能否满足设备和系统的启动调试要求。

（12）材料表中给出的数量和材质以及尺寸与图面标示是否相符。

（三）图纸会检注意事项

（1）图纸会检前主持单位应事先通知参加人员熟悉图纸，准备意见，并进行必要的核对工作。

（2）图纸会检应由主持单位做好详细记录，并整理汇总，及时将会议纪要发送相关单位，当发生设计变更时按相关规定办理。

（3）委托外单位加工用的图纸由委托单位负责审核。出现设计问题，由委托单位提交原设计单位解决。

（4）图纸会检应在单位工程开工前完成。当施工图由于客观原因不能满足工程进度时，可分阶段组织会检。

四、施工技术交底

（一）技术交底的目的和要求

1.施工技术交底的目的

施工技术交底的目的是使管理人员了解项目工程的概况、技术方针、质量目标、计划安排和采取的各种重大措施；使施工人员了解其施工项目的工程概况、内容和特点、施工目的，明确施工过程、施工办法、质量标准、安全措施、环保措施、节约措施和工期要求等，做到心中有数。

2. 施工技术交底的要求

（1）施工技术交底是施工工序中的首要环节，应认真执行，未经技术交底不得施工。

（2）技术交底必须有的放矢，内容应充实、具有针对性和指导性，要根据施工项目的特点、环境条件、季节变化等情况确定具体办法和方式，交底应注重实效。

（3）工期较长的施工项目除开工前交底外，至少每月再交底一次，重大危险项目（如吊车拆卸、高塔组立、带电跨越等），在施工期内，宜逐日交底。

（4）技术交底必须有交底记录。交底人和被交底人要履行全员签字手续。

（二）施工交底责任

1. 形式

技术交底工作由各级生产负责人组织，各级技术负责人交底。重大和关键施工项目必要时可请上级技术负责人参加，或由上一级技术负责人交底，各级技术负责人和技术管理部门应督促检查技术交底工作进行情况。

2. 落实

施工人员应按交底要求施工，不得擅自变更施工方法和质量标准。施工技术人员、技术和质量管理部门发现施工人员不按交底要求施工可能造成不良后果时，应立即劝止，劝止无效则有权停止其施工，必要时报上级处理，必须更改时应先经交底人同意并签字后方可实施。

3. 责任

在施工中发生质量、设备或人身安全事故时，事故原因如属于交底错误由交底人负责，属于违反交底要求者由施工负责人和施工人员负责，属于是违反施工人员"应知应会"要求者由施工人员本人负责，属于无证上岗或越岗参与施工者除本人应负责任外，班组长和班组专职工程师（专职技术员）亦应负责。

（三）施工交底内容

1. 工程总体交底——公司级技术交底

在施工合同签订后，公司总工程师宜组织有关技术管理部门依据施工组织设计大纲、工程设计文件、设备说明书、施工合同和本公司的经营目标及有关决策等资料拟定技术交底提纲，对项目部各级领导和技术负责人员及相关质量、技术管理部门人员进行交底。其内容主要是公司的战略决策、对本项目工程的总体设想和要求、技术管理的总体规划和对本项目工程的特殊要求。

（1）企业的经营方针，本项目工程的质量目标、主要技术经济指标和具体实施以及有关决策；

（2）本工程设计规模和各施工承包范围划分及相关的安排和要求；

（3）施工组织设计大纲主要内容；

（4）工程承包合同主要内容和要求；

（5）对本项目工程的安排和要求；

（6）技术供应、技术检验、推广"四新"、技术总结等安排和要求；

（7）降低成本目标和原则措施；

（8）其他施工注意事项。

2. 项目工程总体交底——项目部级技术交底

在项目工程开工前，项目部总工程师应组织有关技术管理部门依据施工组织总设计、工程设计文件、施工合同和设备说明书等资料制定技术交底提纲，对项目职能部门、工地技术负责人和主要施工负责人及分包单位有关人员进行交底，其主要内容是项目工程的整体战略性安排，一般包括：

（1）本项目工程规模和承包范围及其主要内容；

（2）本项目工程内部施工范围划分；

（3）项目工程特点和设计意图；

（4）总平面布置；

（5）主要施工程序、交叉配合和主要施工方案；

（6）综合进度和各专业配合要求；

（7）质量目标和保证措施；

（8）安全文明施工、职业健康和环境保护的主要目标和保证措施；

（9）技术和物资供应要求；

（10）技术检验安排；

（11）采用"四新"计划；

（12）降低成本目标和主要措施；

（13）施工技术总结内容安排；

（14）其他施工注意事项。

3. 专业交底——工地级技术交底

在本工地施工项目开工前，工地专责工程师应根据施工组织专业设计、工程设计文件、设备说明书和上级交底内容等资料拟定技术交底大纲，对本专业范围的生产负责人、技术管理人员、施工班组长及施工骨干人员进行技术交底。交底内容是本专业范围内施工和技术管理的整体性安排，一般包括：

（1）本工地施工范围及其主要内容；

（2）各班组施工范围划分；

（3）本项目工程和本工地的施工项目特点，以及设计意图；

（4）施工进度要求和相关施工项目的配合计划；

（5）本项目工程、专业的施工质量目标和保证措施；

（6）安全文明施工、环境保护规定和保证措施；

（7）重大施工方案（如特殊爆破工程、特殊和大体积混凝土浇灌、重型和大件设备、构件和运输吊装、汽轮机和大盖、锅炉水压试验、化学清洗、锅炉及管道吹洗、大型电气设备干燥、新型设备安装、特高塔组立、大跨越架线、不停电跨线、"四新"推广、新老厂系统的连接、隔离等；

（8）质量验收依据、评级标准和办法；

（9）本项目工程和专业施工项目降低成本目标和措施；

（10）技术和物资供应计划；

（11）技术检验安排；

（12）应做好的技术记录内容及要求；

（13）施工阶段性质量监督检查项目及其要求；

（14）施工技术总结内容安排；

（15）音像资料内容安排和其质量要求；

（16）其他施工注意事项。

4. 分专业交底——班组级技术交底

施工项目作业前，由专职技术人员根据施工图纸、设备说明书、已批准的施工组织专业设计和作业指导书及上级交底相关内容等资料拟定技术交底提纲，并对班组施工人员进行交底。交底内容主要是施工项目的内容和质量标准及保证质量的措施，一般包括以下内容：

（1）施工项目的内容和工程量；

（2）施工图纸解释（包括设计变更和设备材料代用情况及要求）；

（3）质量标准和特殊要求，保证质量的措施，检验、试验和质量检查验收评级依据；

（4）施工步骤、操作方法和采用新技术的操作要领；

（5）安全文明施工保证措施，职业健康和环境保护的保证措施；

（6）技术和物资供应情况；

（7）施工工期的要求和实现工期的措施；

（8）施工记录的内容和要求；

（9）降低成本措施；

（10）其他施工注意事项。

5. 要求设计单位交底的内容

（1）设计意图和设计特点以及应注意的问题。

（2）设计变更的情况以及相关要求。

（3）新设备、新标准、新技术的采用和对施工技术的特殊要求。

（4）对施工条件和施工中存在问题的意见。

（5）其他施工注意事项。

6. 交底注意事项

（1）在进行各级技术交底时都应请建设、设计、制造、监理和生产等单位相关人员参加，并认真讨论、消化交底内容，必要时对内容作补充修改。涉及已经批准的方案、措施的变动，应按有关程序审批。

（2）启动调试的技术交底，按输变电工程启动验收的相关规定办理。

五、技术检验管理

（一）技术检验目的和依据

1. 技术检验目的

技术检验是用科学的方法对工程中的设备和使用的原材料、成品、半成品、混凝土以及热工、电工测量元（部）件并包括施工用各类测量工具等进行检查、试验和监督，防止错用、乱用和降低标准，以保证工程质量的重要环节。

2. 技术检验的依据

检验的内容、方法和标准应按国家和行业颁发的有关技术规程、规定和标准；按制造厂技术条件及说明书的要求执行。进口的设备和材料按供货合同中的规定或标准执行。

（二）技术检验的组织和责任

1. 技术检验的组织

除检验数量较小或无能力承担检验的内容可委托具有相应资质的试验单位进行检验外，公司或施工现场还应按项目工程需要建立和健全土建、金属、电工测量、热工标准等专业试验室，承担技术检验工作。

（1）公司应设置管理机构或指定一个部门主管并正常开展计量管理工作。

（2）公司或施工现场各类试验室的资质应符合国家或行业的规定和标准，并取得有关主管部门的认证。

（3）试验室应及时、准确、科学、公正地对检测对象的规定技术条件进行检验，出具实验报告或检定证书，为施工提供科学的依据。发现问题应立即向质量管理部门或委托单位报告，及时研究处理。

2. 技术检验责任

（1）计量管理机构的主要职责是贯彻国家和行业有关计量管理工作的法令、法规和标准，制定公司计量管理制度和其他相关规定，并负责公司计量管理系统的管理。

（2）项目部和公司下属的生产单位都应设专职计量员。计量员应持证上岗，在业务上接受公司计量部门的领导。

（3）公司和项目部的质量管理部门是检查、监督技术检验制度贯彻执行情况的部门，及时处理检验中发现的问题，重大问题报请总工程师处理。

（三）技术检验相关要求

1. 有合格证件

工程所用的原材料（如金属、建筑、电气、保温、化工及油料等）、半成品、成品和设备，其生产厂具有相应资质并应随货提供出厂合格证件和出厂检验报告（盖章的复印件），由供应部门接收、保管。出厂证件和试验报告都应经质量管理部门审核。

2. 需检验者

原材料、半成品、成品和设备遇有下列情况之一者使用前均应经检验合格后使用：

（1）出厂证件遗失；

（2）证件中个别试验数据不全、影响准确判定其质量时；

（3）原证件规定的质量保证期限已经超过时限；

（4）对原证件内容或可靠性有怀疑；

（5）为防止差错而进行必要的复查或抽查；

（6）国家规程、规范规定需要检验者；

（7）施工合同中有检验规定要求者。

3. 开箱检验

设备开箱检验由施工或建设（监理）单位供应部门主持，建设、监理、施工、制造厂等单位代表参加，共同进行。检验内容是：核对设备的型号、规格、数量和专用工具、备品、备件数量等是否与供货清单一致，图纸资料和产品质量证明资料是否齐全，外观有无损坏，等等。检验后做出记录。引进设备的商品检验按订货合同和国家有关规定办理。

4. 委托加工检验

对外委托加工的成品的检查验收由委托单位负责。

5. 施工中检验

施工中的各项检验，由工地委托试验室进行。试验室及时将检验报告传递给工地保管。试验不合格者，应暂停施工或停用该产品，并报质量和技术管理部门；重大问题应报告项目部总工程师。

6. 启动试验

输变电工程的启动试验应按原电力部颁发的启动调试和竣工验收规定进行。

7. 检验的工器具

施工用检测、试验和计量工器具的管理应按国家或行业法规、规程和标准以及上级的规定执行。使用部门应制定操作规程和保养维修制度，指定专人使用保管。

8. 施工机械检验。施工机械应按出厂说明书和机械管理制度进行正常维护和定期检查试验，确保机械的健康水平。

9. 检验资料归档。施工检验的试验报告、证明文件由试验室提交委托单位整理后交项目部技术管理部门汇集整理，列入工程移交资料或归档文件。

六、设计变更管理

经批准的设计文件是施工的主要依据。施工单位应按图施工，建设（监理）单位按图验收，确保施工质量。如发现设计有问题或由于施工方面的原因要求变更设计，应提出设计变更申请，办理签证后方可更改。

（一）设计变更分类

1. 小型设计变更

不涉及变更设计原则，不影响质量和安全、经济运行，不影响整洁美观，且不增减概（预）算费用的变更事项。例如，图纸尺寸差错更正、原材料等强换算代用、图纸细部增补详图、图纸间矛盾问题处理等。

2. 一般设计变更

工程内容有变化，但还不属于重大设计变更的项目。

3. 重大设计变更

变更设计原则，变更系统方案，变更主要结构、布置、修改主要尺寸和主要材料以及设备的代用等设计变更项目。

（二）设计变更审批

1. 小型设计变更

由工地提出设计变更申请单或工程洽商（联系）单，经项目部技术管理部门审核，由现场设计、建设（监理）单位代表签字同意后生效。

2. 一般设计变更

由工地提出设计变更申请单，经项目部技术管理部门审签后，送交建设（监理）单位审核。经设计单位同意后，由设计单位签发设计变更通知书并经建设（监理）单位会签后生效。

3. 重大设计变更

由项目部总工程师组织研究、论证后，提交建设单位组织设计、施工监理单位进一步论证、审核，决定后由设计单位修改设计图纸并出具设计变更通知书，还应附有工程预算变更单，经建设、监理、施工单位会签后生效。

超出建设单位和设计单位审批权限的设计变更，应先由建设单位报有关上级单位批准。

4.设计变更通知单处理

（1）设计变更通知单应发送各施工图使用单位，工程预算变更单应分送有成本核算及管理单位，其具体份数按合同规定或由相关单位商定。

（2）设计变更后涉及其他施工项目也需做相应修改时，在决定变更之前应同时加以研究、确定处理方法，统一提出变更申请，也可以由提出变更的单位提交建设（监理）单位审核后交设计单位处理，组织协调行动。

（3）设计变更文件应完整、清楚、格式统一，其发放范围与设计文件发放范围一致。设计变更文件应列为竣工资料移交。

七、施工技术档案管理

施工技术档案是随电力建设工程实体的逐步完成而同时产生的重要成果。它是工程建设过程、工程实体状况、工程建设质量的最真实、最全面、最原始的记录。它对工程投产后的运行、维护、改造、扩建等方面工作都是所必需的可靠依据。它对不断地总结和积累诸如设计、制造、施工、调试和生产运行的经验，不断提高施工技术水平有着至关重要的作用。因此，做好和规范施工技术档案管理工作，对保障电力设备长期安全、稳定、经济运行和国民经济的发展都具有重大的技术和经济意义。

（一）技术档案管理机构

（1）根据公司的实际情况，技术档案管理部门可独立设置或挂靠相关管理部门。

（2）公司和项目部应建立对技术档案管理的行政领导责任制度。各级技术负责人均应按各自职责检查技术资料的收集、整理、保管和移交工作。

（3）施工技术档案管理工作应认真贯彻国家档案法。严格按照国家电网公司系统各级档案管理部门和工程所在省、市地方档案管理部门的规定和要求，规范本公司和项目工程的技术档案管理工作，切实保证技术档案的质量水平。

（二）施工技术档案内容

其主要内容包括以下几个方面。

（1）施工组织设计纲要、总设计（施工组织设计或施工组织措施计划）和专业设计；

（2）施工招、投标文件，施工承包合同；

（3）质量管理体系文件，施工技术管理制度；

（4）施工技术措施和施工方案；

（5）推广"四新"试验、采用和改进记录；

（6）技术会议文件、重要技术决定文件；

（7）施工技术和技术管理总结；

（8）施工图纸、设计文件、关于工程的管理性文件和技术记录；

（9）施工技术记录、施工大事记和施工日志；

（10）质量监督检查结果报告，整改问题处理结果清单；

（11）施工质量验收评定签证；

（12）建（构）筑物地基审底和地基处理（包括试桩、打桩）记录；

（13）永久水准点和控制桩的测量记录、主要建（构）筑物定位放线测量记录、沉降观测记录及变形记录；

（14）施工图纸会检纪要；

（15）施工原材料、构件和设备出厂证件（必须有正式印签）；

（16）设计变更、原材料代用记录；

（17）隐蔽工程与中间验收签证；

（18）委托外加工的半成品、成品、设备的检验报告；

（19）各类技术检验记录和试验报告；

（20）重要设备缺陷及处理结果记录；

（21）分部试运和整套启动试运方案、措施、调试运行记录、调试报告；

（22）有关工程建设和为生产运行需要的协议文件及会议纪要；

（23）工程技术总结和工程声像资料；

（24）工程移交签证书；

（25）为积累经验所需的其他文件、资料。

（三）施工技术档案管理

（1）公司及项目部均应采取措施，确保技术档案质量，达到预期效果。

（2）公司技术档案管理部门应配备适当数量的专职人员，项目部的技术档案应设专职人员管理；建立严格的管理制度和合理的运作程序；搞好自身建设，引入现代管理手段，适应施工技术管理工作的需要。

（3）施工技术档案工作是系统工程，应列入各相关部门的职责范围、岗位责任制和工作标准中，并切实落实保证档案的即时性、真实性和完整性。

（4）建立施工技术档案，应在施工准备开始便对各类技术文件、资料进行收集和整理，并贯彻于整个施工过程。

（5）施工技术档案资料由各相关部门负责汇集、整理，审定后递交技术管理部门或档案室。所有文件资料力求齐全、完整、真实、可靠，如实反映情况，不能擅自修改、伪造和事后补做。

（6）输变电工程投产后，项目部技术管理部门应会同质量管理部门对施工技术档案资料进行审核、整理、出版后，按规定上交公司档案管理部门保管；并根据规定按承包合同规定内容向建设单位移交竣工资料并办理审核交接手续。当设备的出厂证件和材料合格证件份数不足时，应优先满足工程移交资料的需要。

八、技术培训管理

（一）一般要求

（1）公司要在市场竞争中立于不败之地，就必须加强对员工素质的教育。技术的培训是对员工的知识和技术进行补充、更新、提高和拓展，是素质教育的重要方面和有效手段，为此公司宜建立完整的技术培训管理体系。

（2）技术培训的基本任务是提高员工的基本技能、质量意识、市场意识、管理意识、创新意识、创新能力和基础理论水平，推动员工综合素质的提高和公司的技术进步，确保施工质量，实现科学管理，培育竞争优势，以赢得市场竞争。

（3）技术培训和素质教育要坚持理论联系实际的原则；坚持按需施教、学用结合、定向培训、讲求实效的原则。

（4）员工要努力学习法律知识，提高政治思想觉悟和职业道德水平；学习国家和行业的技术法规、规程和标准，学习公司相关的制度、规定和岗位职责，达到岗位的要求；学习国内外先进的科学技术和企业管理知识，增强和提高技术业务管理能力和水平。

（5）要认真贯彻执行工人等级鉴定制度、特殊工种和操作人员的资格考核制度。各类施工技术人员均取得相应的资格证书，持证上岗。建立员工技术等级和资格的激励机制，鞭策员工学习业务、技术知识。

（二）组织领导

（1）公司领导应有一人主管培训工作；培训主管部门负责培训的管理工作；职工培训机构负责培训的教学工作。项目部和公司职能部门以及下属单位均应有一名领导负责培训工作，并由一名工作人员（专职或兼职）负责具体工作。班组的培训工作由班组长负责。

（2）公司培训主管部门的职责：①制定公司培训工作规划，编制培训计划，总结培训工作。②制定公司培训管理制度，检查和考核下属各单位培训工作。③组织进行工人技术等级鉴定和岗位资质取证工作。④组织员工进行上岗前的培训和考核。⑤定期召开培训工作会议，交流经验，布置工作，提高培训工作水平。

（三）各级机构培训职责

1.公司培训机构职责

（1）负责按公司年度培训计划组织完成培训任务。

（2）负责公司主办的培训班的筹备和举办。

（3）组织编制教学大纲和培训教材。

（4）负责专、兼职教师的聘用和管理。

（5）组织培训考核和办理证书颁发工作。

2.公司各职能部门职责

（1）提出由本部门负责的培训计划和应急培训申请。

（2）负责确定本部门办班培训规模、范围和学员，推荐任课教师和教材。

（3）督促本部门办班培训计划的落实；组织并管理培训班，培训结果报主管部门，并申请发证。

3. 项目部职责

（1）贯彻执行公司职工培训管理制度。

（2）根据需要制订项目工程的培训计划，并组织实施。

（3）执行公司年度培训计划，落实学员并做好工作安排。

（4）负责实施员工上岗前的培训。

（5）负责对包工队施工人员的培训和考核，不合格者不得参与施工。

4. 工地及班长职责

（1）开展技术业务学习活动。

（2）组织实施工地或班组培训计划，制订班组和个人的学习计划和学习内容。

（3）组织签订新员工培训合同，检查合同执行情况，主持新员工独立操作之前的技术水平鉴定。

（四）培训管理

（1）培训管理宜按质量管理体系中的"人力资源控制程序"进行。按提出要求、制订计划、组织实施、检查考核、培训记录和效果考评等程序进行。在履行程序过程中，应有相应的管理制度作为依据和保证。

（2）制订培训计划要以施工队伍的实际水平为出发点，以电力建设市场的需求和发展为落脚点。其一般内容包括：①员工上岗前培训；②学校毕业生实习培训；③特殊工种的专业培训；④技术管理岗位取证培训；⑤员工岗位练兵，短期学习班，定期轮训班；⑥技能鉴定培训；⑦派出学习培训。

（3）宜在年末提出下一年度的公司培训计划，由经理、总工程师审批后下发执行。计划内容宜包括目的、要求、时间、地点、对象、人数、师资、教材、经费、物资供应、主办和协办单位及负责人等。

（4）技术业务培训除采用一般的讲课、考试或操作练习等方法外，还可采取生动活泼的形式，以提高学员的兴趣和学习效果。

（5）员工宜定期进行技术业务考核，考试合格后才准予上岗操作。员工培训和考核成绩记入本人教育档案，作为晋级和工作安排的依据。

九、技术信息管理

（1）对国内外工程技术信息的收集、整理、储存和应用是推动公司技术进步、不断地提高施工技术和技术管理水平的重要手段。为此，公司应建立技术信息管理体系。

（2）公司宜通过计算机进行信息管理，并可通过互联网收集外部有关技术信息。项目部的计算机信息网络可与建设单位、监理单位以及其他相关单位的信息网络联网。

（3）公司要建立技术信息快速储存和传递机制。通过计算机信息网络或书面形式及时储存、传递和报道，避免信息过时失效。

（4）施工技术信息管理工作应由公司总工程师领导，各级技术负责人都应参与这项工作，技术管理职能部门要有专人负责，各级技术人员均为当然的信息员。

（5）由于各公司所处条件不同、承担的任务内容不同，对技术信息的需求也有所不同。因此，收集和储存技术信息的内容由各公司自行确定。

（6）技术信息收集和管理工作可与奖惩挂钩；可与工作考评和技术职称评定挂钩，鼓励技术信息工作成绩显著的人员。

第二节　输电线路安装工程施工质量验收

一、工程施工质量验收的划分

通过验收批和中间验收层次及最终验收单位的确定，实施对工程施工质量的过程控制和终端把关，确保工程质量达到工程项目决策阶段所确定的质量目标和水平。

（1）单位工程：可按具备独立施工条件并能形成独立使用功能的工程为一个单位工程。

（2）子单位工程：鉴于一个工程可能并不一次建成，再加之对规模特别大的工程一次验收也不方便等，可将此类工程划分为若干个子单位工程进行验收。规模较大的单位工程可将其能形成独立使用功能的部分划分为一个子单位工程。子单位工程一般可根据工程的设计分区、使用功能的显著差异、耐张段的设置等实际情况，在施工前由建设、监理、施工单位自行商定，并据此收集整理施工技术资料和验收。

（3）分部工程：分部工程的划分应按专业性质、工程部位确定。如一段线路施工的单位（子单位）工程可分为基础、杆塔、架线、接地等分部工程。

（4）子分部工程：当分部正程较大或较复杂时，可按施工程序、专业系统及类别等划分为若干个子分部工程。

（5）分项工程：每个子分部工程中包括若干个分项工程。分项工程应按主要工种、材料、施工工艺、设备类别等进行划分。

（6）检验批分项工程：可由一个或若干个检验批组成，线路工程的检验批可根据施工及质量控制和专业验收需要按施工段、耐张段等进行划分。

二、工程施工质量验收

（一）检验批的质量验收

1.检验批合格质量规定

（1）主控项目的质量经抽样检验合格。

（2）具有完整的施工操作依据、质量检查记录。

2.检验批按规定验收

（1）资料检查

质量控制资料反映了从原材料到验收的各施工工序的施工操作依据，检查验收情况和保证质量所必需的管理制度等。对其完整性的检查，实际是对过程控制的确认，这是检验批合格的前提。所要检查的资料主要包括：①图纸会审、设计变更、洽商记录；②工程材料、成品、半成品、构配件、器具和设备的质量证明书及进场检（试）验报告；③工程测量、放线记录；④按专业质量验收规范规定的抽样检验报告；⑤隐蔽工程检查记录；⑥施工过程检查记录；⑦新材料、新工艺的施工记录；⑧质量管理资料和施工单位操作依据等。

（2）主控项目和一般项目的检验

为确保工程质量，使检验批的质量符合安全和使用功能的基本要求，各专业质量验收规范对各检验批的主控项目和一般项目的子项合格质量都给予明确规定。

检验批的合格质量主要取决于对主控项目和一般项目的检验结果。主控项目是对检验批的基本质量起决定性影响的检验项目，因此，必须全部符合有关专业工程验收规范的规定。这意味着主控项目不允许有不符合要求的检验结果，即这种项目的检查具有否决权。鉴于主控项目对基本质量的决定性影响，从严要求是必需的。如混凝土结构工程中混凝土分项工程的配合比设计的主控项目要求：混凝土应按有关规定，根据混凝土强度等级、耐久性和工作性等要求进行配合比设计。对有特殊要求的混凝土，其配合比设计尚应符合国家现行有关标准的专门规定。其检验方法是检查配合比设计资料。一般项目则可按专业规范的要求处理，如首次使用的混凝土配合比应进行开盘鉴定，其工作性质应满足设计配合比的要求。在开始生产时应至少留置一些标准养护试件，作为验证配合比的依据。通过检查开盘鉴定资料和试件强度试验报告进行检验。混凝土拌制前，应测定砂、石含水率并根据测试结果调整材料用量，提出施工配合比，并通过含水率测试结果和施工配合比通知单进行检查，每工作班检查一次。

（3）检验批的抽样方案

合理的抽样方案的制订对检验批的质量验收有十分重要的影响。在制订检验批的抽样方案时，应考虑合理分配生产方风险（或错判率 α）和使用方风险（或漏判概率 β）：主控项目，对应于合格质量水平的 α 和 β 均不宜超过5%；对一般项目，对应于合格质量水平的 α 不宜超过5%，β 不宜超过10%。检验批的质量检验，应根据检验项目的特点在下列抽样方案中进行选择：①计量、计数或计量—计数等抽样方案；②一次、二次或多次抽样方案；③根据生产连续性和生产控制稳定性等情况，尚可采用调整型抽样方案；④对重要的检验项目当可采用简易快速的检验方法时，可选用全数检验方案；⑤经实践检验有效的抽样方案，如砂石料、构配件的分层抽样。

3.检验批的验收程序与组织

检验批和分项工程均由监理工程师或建设单位项目技术负责人组织施工单位项目专业质量（技术）负责人验收。验收前，施工单位先填好"检验批质量验收记录"（有关监理记录和结论不填），并由项目专业质量检验员和项目专业技术负责人分别在检验批质量验收记录相关栏中签字，然后由监理工程师组织，严格按规定程序进行验收。

（二）分项工程质量验收

1. 分项工程质量验收合格的规定

（1）分项工程所含的检验批均应符合合格质量规定。

（2）分项工程所含的检验批的质量验收记录应完整。

2. 分项工程的验收程序与组织

分项工程的验收在检验批的基础上进行。其验收程序与组织和检验批相同，但所用表格为"分项工程质量验收记录"。

（三）分部（子分部）工程质量验收

1. 分部（子分部）工程质量验收合格的规定

（1）分部（子分部）工程所含分项工程的质量均应验收合格。

（2）质量控制资料应完整。

（3）基础、主体结构和设备安装等分部工程有关安全及使用功能的检验和抽样检测结果应符合有关规定。

（4）观感质量验收应符合要求。观感质量验收的评价不能用"合格""不合格"表示，而是用"好""不好"和"差"做结论，对于"差"的检查点应通过返修处理等进行补救。

2. 分部工程的验收程序与组织

分部（子分部）工程质量应由总监理工程师（建设单位项目技术负责人）组织施工项目负责人和技术质量负责人等进行验收；由于基础、主体结构要求严格，技术性强，关系到整个工程的安全，因此，规定与基础、主体结构分部工程相关的勘察、设计单位工程项目负责人和施工单位技术、质量部门负责人也应参加相关分部工程验收。

（四）单位（子单位）工程质量验收

1. 建设工程竣工验收应当具备的条件

（1）完成建设工程设计和施工管理资料。

（2）有完整的技术档案和施工管理资料。

（3）有工程使用的主要材料、构配件和设备的进场试验报告。

（4）有勘察、设计、施工、工程监理等单位分别签署的质量合格文件。

（5）有施工单位签署的工程保修书。

2. 单位（子单位）工程质量验收合格条件

（1）单位（子单位）工程所含分部（子分部）工程的质量应验收合格。

（2）质量控制资料应完整。

（3）单位（子单位）工程所含分部工程有关安全和功能的检验资料应完整。

（4）要求主要功能项目抽查结果应符合相关专业质量验收的规定。

（5）观感质量验收应符合要求。

单位工程质量验收也称质量竣工验收，是工程投入使用前的最后一次验收，也是最重要的一次验收。除构成单位工程的各分部工程应该合格并且有关的资料文件应完整以外，还应进行以下3方面的检查。

涉及安全和使用功能的分部工程应进行检验资料的复查，不仅要全面检查其完整性（不得有漏缺项），而且对分部工程验收时补充进行的见证抽样检验报告也要复核。这种强化验收的手段体现了对安全和主要使用功能的重视。

此外，对主要使用功能还需进行抽查。使用功能的检查是对建筑工程和设备安装工程最终质量的综合检查，也是用户最为关心的内容。因此，在分项、分部工程验收合格的基础上，竣工验收时再做全面检查。抽查项目是在检查质量文件的基础上由参加验收的各方人员商定，并用计量、计数的抽样方法确定检查部位。检查要求按有关专业工程施工质量验收标准的要求进行。

最后，还需由参加验收的各方人员共同进行观感质量检查。检查的方法、内容、结论等应在分部工程的相应部分中阐述，最后共同确定是否通过验收。

3. 预验收程序与组织

当单位工程达到竣工验收条件后，填写工程竣工报验单，并将全部竣工资料报送项目监理机构，申请竣工验收。

总监理工程师应组织各专业监理工程师对竣工资料及各专业工程的质量情况进行全面检查，对查出的问题，应督促施工单位及时整改。对需要进行功能试验的项目，监理工程师应督促施工单位及时进行试验，并对重要项目进行监督、检查，必要时请建设单位和设计单位参加；监理工程师应认真审查试验报告单并督促施工单位搞好成品保护和现场清理。

经项目监理机构对竣工资料及实物全面检查、验收合格后，由总监理工程师签署工程竣工报验单，并向建设单位提出质量评估报告。

4. 正式验收

建设单位收到工程验收报告后，应由建设单位（项目）负责人组织施工（含分包单位）、设计、监理等单位（项目）负责人进行单位（子单位）工程验收。单位工程由分包单位施工时，分包单位对所承包的工程项目应按规定的程序检查评定，总包单位应派人参加。分部工程完成后，应将工程有关资料交总包单位。建设工程经验收合格的，方可交付使用。

三、工程施工质量不符合要求时的处理

一般情况下，不合格现象在检验批的验收时就应发现并及时处理，所有质量隐患必须尽快消灭在萌芽状态，否则将影响后续检验批和相关的分项工程、分部工程的验收。但非正常情况可按下述规定进行处理：

（1）经返工重做或更换器具、设备的检验批，应重新进行验收；

（2）经有资质的检测单位鉴定达到设计要求的检验批，应予以验收；

（3）经有资质的检测单位鉴定达不到设计要求，但经原设计单位核算认可能满足结构安全和使用功能的检验批，可予以验收；

（4）经返修或加固的分项、分部工程，虽然改变外形尺寸但仍能满足安全使用要求，可按技术处理方案和协商文件进行验收；

（5）经返修或加固仍不能满足安全使用要求的分部工程、单位（子单位）工程，严禁验收。

四、单位工程竣工验收备案

单位工程质量验收合格后，建设单位应在规定时间内将工程竣工验收报告和有关文件报建设行政管理部门备案。

（1）凡在中华人民共和国境内新建、扩建、改建各类房屋建筑工程和市政基础设施工程的竣工验收，均应按有关规定进行备案。

（2）国务院建设行政主管部门和有关专业部门负责全国工程竣工验收的监督管理工作。县级以上地方人民政府建设现在主管部门负责本行政区域内工程的竣工以上备案管理工作。

第三节　安装工程质量问题和质量事故的处理

一、工程质量问题及处理

工程质量问题的成因：违背建设程序；违反法规；地质勘查失真；设计差错；施工与管理不到位；使用不合格的原材料、制品及设备；自然环境因素；使用不当。

分析工程质量问题成因的基本步骤：①进行细致的现场调查研究；②收集调查与质量问题有关的全部设计和施工资料；③找出可能产生质量问题的所有因素；④分析、比较和判断，找出最可能造成质量问题的原因；⑤进行必要的计算分析或模拟试验予以论证确认。

分析工程质量问题成因的分析要领：分析的要领是逻辑推理法。其基本原理是：首先确定质量问题的初始点，即所谓原点，其反映出质量问题的直接原因，在分析过程中具有关键性作用；其次是围绕原点对现场各种现象和特征进行分析，逐步揭示质量问题萌生、发展和最终形成的过程；最后综合考虑原因复杂性，确定诱发质量问题的起源点即真正原因。

二、工程质量问题的处理

（一）处理方式

当施工而引起的质量问题在萌芽状态时，应及时制止，并要求施工单位立即更换不合格材料、设备或不称职人员，或要求施工单位立即改变不正确的施工方法和操作工艺。

当因施工而引起的质量问题已出现时，应立即向施工单位发出"监理通知"；要求其对质量问题进行补救处理，并采取足以保证施工质量的有效措施后，填报"监理通知回复单"报监理单位。

当某道工序或分项工程完工以后，出现不合格项，监理工程师应填写"不合格项处置记录"，要求施工单位及时采取措施予以整改。监理工程师应对其补救方案进行确认，跟踪处理过程，对处理结果进行验收，否则不允许进行下道工序或分项的施工。

在交工使用后的保修期内发现的施工质量问题，监理工程师应及时签发"监理通知"，指令施工单位进行修补、加固或返工处理。

（二）工程质量问题处理程序

当发现工程质量问题，监理工程师应按以下程序进行处理。

（1）可弥补的质量问题处理：当发生工程质量问题时，监理工程师首先应判断其严重程度。对可以通过返修或返工弥补的质量问题可签发"监理通知"，责成施工单位写出质量问题调查报告。提出处理方案，填写"监理通知回复单"报监理工程师审核后。批复承包单位处理，必要时应经建设单位和设计单位认可，处理结果应重新进行验收。

（2）需加固补强的质量问题处理：对需要加固补强的质量问题，或质量问题的存在影响下道工序和分项工程的质量时，应签发《工程暂停令》，指令施工单位停止有质量问题部位和与其有关联部位及下道工序的施工。必要时，应要求施工单位采取防护措施，责成施工单位写出质量问题调查报告，由设计单位提出处理方案，并征得建设单位同意，批复承包单位处理。处理结果应重新进行验收。

（3）调查报告：质量事故发生后，施工单位有责任就所发生的质量事故进行周密的调查、研究掌握情况，并在此基础上写出调查报告，提交监理工程师和业主。在调查报告中首先就与质量事故有关的实际情况做详尽的说明。其内容应包括：①与质量问题相关的工程情况；②质量问题发生的时间、地点、部位、性质、现状及发展变化等详细情况；③调查中的有关数据和资料；④原因分析与判断；⑤是否需要采取临时防护措施；⑥质量问题处理补救的建议方案；⑦涉及的有关人员和责任及预防该质量问题重复出现的措施。

（4）监理工程师审核、分析质量问题调查报告，判断和确认质量问题产生的原因。必要时，监理工程师应组织设计、施工、供货和建设单位各方共同参加分析。

（5）在原因分析的基础上，认真审核签认质量问题处理方案。

（6）指令施工单位按既定的处理方案实施处理并进行跟踪检查。

发生的质量问题不论是否由施工单位原因造成，通常都是先由施工单位负责实施处理。对因设计单位原因等非施工单位责任引起的质量问题，应通过建设单位要求设计单位或责任单位提出处理方案，处理质量问题所需的费用或延误的工期，由责任单位承担，若质量问题属施工单位责任，施工单位应承担各项费用损失和合同约定的处罚，工期不予顺延。

（7）质量问题处理完毕，监理工程师应组织有关人员对处理的结果进行严格的检查、鉴定和验收，写出质量问题处理报告，报建设单位和监理单位存档。其主要内容包括：①基本处理过程描述；②调查与核查情况，包括调查的有关数据、资料；③原因分析结果；④处理的依据；⑤审核认可的质量问题处理方案；⑥实施处理中的有关原始数据、验收记录、资料；⑦对处理结果的检查、鉴定和验收结论；⑧质量问题处理结论。

三、工程质量事故的范围及分类

（一）质量事故的范围

凡在施工（调整试运前）过程中，由于现场储存、装卸运输、施工操作、完工保管等原因造成施工质量与设计规定不符或其偏差超出标准允许范围，需要返工且造成一定的经济损失者；或由于上述原因造成永久性缺陷者。

在调整试运过程中，由于（非设备制造、调整试验、运行操作）施工原因造成设备、原材料损坏，且损失达到规定条件者。

（二）质量事故的分类

（1）重大质量事故：①建（构）筑物的主要结构倒塌。②超过规范规定的基础不均匀下沉、建（构）筑物倾斜、结构开裂或主体结构强度严重不足。③影响结构安全和建（构）筑物使用年限或造成不可挽回的永久性缺陷。④严重影响设备及其相应系统的使用功能。⑤一次返工直接经济损失在 10 万元以上（质量事故直接经济损失金额＝人工费＋机械台班费＋材料费＋管理费－可以回收利用的器材残值）。

（2）普通质量事故：未达到重大事故条件，其一次返工直接经济损失在 1 万～10 万元（含 10 万元）。

（3）记录质量事故：未达到重大及普通质量事故条件的质量事故。

四、质量事故的调查处理

（一）事故报告

（1）记录事故发生后，施工人员应及时向班组长报告。班组长应在当日报告工地，并进行事故分析。工地质检员要对事故做出记录，定期书面报工程项目部质量管理部门。

（2）普通事故发生后，班组长应立即向工地报告；工地应于当日报项目部质量管理部门，立即组织调查分析，并于 5 日内写出质量事故报告报送项目部质量管理部门。经项目部审定后向公司质量管理部门报告。

（3）重大事故发生后，工地应立即向项目部经理、总工程师和质量管理部门报告。项目部应随即问公司经理、总工程师和质量管理部门报告。性质特别严重的事故，公司及其项目部应在 24 小时内同时报告主管部门、建设单位和监理单位，重大事故发生后，各级领导应采取措施维护补救，防止事故扩大并立即组织调查、分析。分析后 5 日内由项目部质量管理部门写出质量事故报告，经项目部经理和总工程师审批后报公司质量管理部门、建设单位、监理单位、主管部门和电力建设工程质量监督机构。

（4）分包工程项目发生事故后，分包单位亦应按上述相应程序，及时报告总包单位或发包工程项目部质量管理部门。

（二）事故调查处理

（1）调查分析工作应做到"三不放过"，即事故原因不清不放过；事故责任者和职工没有受到教育不放过；没有总结经验教训和没有采取防范措施不放过。

（2）对违反规程不听劝阻、不遵守劳动纪律、不负责任而造成质量事故者，对隐瞒事故不报者，均应严肃处理。

（3）各级质量管理部门均要建立质量事故台账，并予保存。

（4）重大质量事故处理方案及实施结果记录应由工程项目部技术和质量管理部门分别保存，以备存档和竣工移交。

（三）质量缺陷处理方案审批和实施

（1）普通及重大质量事故由事故责任单位提出处理方案，报项目部施工技术部门和质量管理部门。

（2）普通质量事故处理方案由项目部施工技术管理部门会同质量管理部门审核后，报项目部总工程师审批后，由事故责任单位实施。

（3）重大质量事故处理方案由公司总工程师主持，施工技术部门和质量管理部门会同设计单位、监理单位、建设单位和电力建设工程质量监督站共同审定，经公司总工程师批准后由事故责任单位实施。

（4）需设计单位验算或变更设计的施工项目，由项目部施工技术部门提请建设单位交设计单位协助进行。

（四）质量总结和质量报表

（1）质量总结按单位工程、年（季）度（火电、变电工程）和工序（送电工程）报送。其内容一般包括施工质量总体情况、主要设备或主要单位工程关键性质量指标的实现数据、质量通病分析、质量事故情况分析和本年（季）度成本、年度质量评级情况、提高质量的主要措施及今后的工作安排。

（2）各级质量管理部门或质量管理人员每月（送电工程按工序）对所分管施工项目的工程质量情况提出质量趋势报告，供各级技术负责人作为决策依据。

（3）"工程质量情况报表"由项目部质量管理部门按单位工程（送电工程按工序）统计，按季报送，并附质量总结报送公司、建设单位和监理单位。

（4）质量总结和质量报表一般采用分级编写、逐级审核上报的方式。

（五）质量回访

（1）阶段性质量回访。根据项目工程进展情况，组织中间回访。回访对象主要是建设单位和监理单位。

（2）工程移交后回访。一般在工程正式投入生产后半年至一年期间内进行。回访对象主要是建设单位和生产单位。

回访后对收集的意见进行分类整理，认真整改、填表造册、建档保存。对移交后无法处理的问题，应在今后的工作中改进。

五、通常工程监理对"工程质量事故处理"的要求

（一）工程质量事故处理的依据

（1）施工单位的质量事故调查报告。调查报告内容和"工程质量问题的处理"时相同。监理单位调查研究所获得的第一手资料其内容大致与施工单位调查报告中有关内容相似，可用来与施工单位所提供的情况对照。

（2）合同及合同文件。涉及的合同文件可以是工程承包合同、设计委托合同、设备与器材购销合同、监理合同等。在处理质量事故中的作用是：确定在施工过程中有关各方是否按照合同有关条款实施其活动，借以探寻产生事故的可能原因。例如，施工单位是否在规定时间内通知监理单位进行隐蔽工程验收，监理单位是否按规定时间实施了检查验收；施工单位在材料进场时，是否按规定或约定进行了检验；等等。此外，有关合同文件还是界定质量责任的重要依据。

（3）技术文件和档案。一类是有关的设计文件，另一类是与施工有关的技术文件、档案和资料。属于这类的文件、档案有：①施工组织设计或施工方案、施工计划；②施工记录、施工日志等；③有关建筑材料的质量证明资料；④现场制备材料的质量证明资料；⑤质量事故发生后，对事故状况的观测记录、试验记录或试验报告等；⑥其他有关资料。

（二）工程质量事故处理的程序

1.工程暂停令和书面报告

工程质量事故发生后，总监理工程师应签发工程暂停令，并要求停止进行质量缺陷部位和与其有关联部位及下道工序施工，应要求施工单位采取必要的措施，防止事故扩大并保护好现场。同时，要求质量事故发生单位迅速按类别和等级向相应的主管部门上报，并于24小时内写出书面报告。质量事故报告应包括

以下主要内容：

（1）事故发生的单位名称，工程（产品）名称、部位、时间、地点；

（2）事故概况和初步估计的直接损失；

（3）事故发生原因的初步分析；

（4）事故发生后采取的措施；

（5）各种相关资料。

2. 组成调查组

各级主管部门处理权限及组成调查组权限如下：

特别重大质量事故由国务院按有关程序和规定处理；重大质量事故由国家建设行政主管部门归口管理；严重质量事故由省、自治区、直辖市建设行政主管部门归口管理；一般质量事故由市、县级建设行政主管部门归口管理。

工程质量事故调查组由事故发生地的市、县以上建设行政主管部门或国务院有关主管部门组织成立。特别重大质量事故调查组组成由国务院批准：一、二级重大质量事故由省、自治区、直辖市建设行政主管部门提出组成意见，人民政府批准；三、四级重大质量事故由市、县级行政主管部门提出组成意见，相应级别人民政府批准；严重质量事故，调查组由省、自治区、直辖市建设行政主管部门组织；一般质量事故，调查组由市、县级建设行政主管部门组织；事故发生单位属国务院部委的，由国务院有关主管部门或其授权部门会同当地建设行政主管部门组织调查组。

质量事故调查组的职责是：

（1）查明事故发生的原因、过程、事故的严重程度和经济损失情况；

（2）查明事故的性质、责任单位和主要责任人；

（3）组织技术鉴定；

（4）明确事故主要责任单位和次要责任单位，承担经济损失的划分原则；

（5）提出技术处理意见及防止类似事故再次发生应采取的措施；

（6）提出对事故责任单位、责任人的处理建议；

（7）写出事故调查报告。

3. 工程质量事故处理方案

当监理工程师接到质量事故调查组提出的技术处理意见后，可组织相关单位研究，并责成相关单位完成技术处理方案，并予以审核签认。质量事故技术处理方案，一般应委托原设计单位提出，由其他单位提供的技术处理方案，应经原设计单位同意签认。技术处理方案的制订，应征求建设单位意见。

4.制订详细的施工方案设计并报验、验收

技术处理方案核签后，监理工程师应要求施工单位制订详细的施工方案设计，必要时应编制监理实施细则，对工程质量事故技术处理施工质量进行监理，在技术处理过程中的关键部位和关键工序应进行旁站，并会同设计、建设等有关单位共同检查认可。对施工单位完工自检后报验结果，组织有关各方进行检查验收，必要时应进行处理结果鉴定。

5.编写质量事故处理报告

要求事故单位整理编写质量事故处理报告，并审核签认，组织将有关技术资料归档。

工程质量事故处理报告主要内容如下：

（1）工程质量事故情况、调查情况、原因分析（选自质量事故调查报告）；

（2）质量事故处理的依据；

（3）质量事故技术处理方案；

（4）实施技术处理施工中的有关问题和资料；

（5）对处理结果的检查鉴定和验收；

（6）质量事故处理结论。

参考文献

[1] 付娟 . 电力机车控制 [M]. 成都：西南交通大学出版社，2016.

[2] 聂小武 . 电力机车制动系统检修与维护 [M]. 成都：西南交通大学出版社，2017.

[3] 李益民 . 电力机车制动系统 [M]. 成都：西南交通大学出版社，2017.

[4] 谭贵宾，王政彤，于小四，等 . 铁路电力牵引供电工程安装工艺技术（变配电分册）[M]. 北京：中国建筑工业出版社，2021.

[5] 陈锦，杨飞飞，刘保华 . 输电线路工程施工 [M]. 海口：南方出版社，2019.

[6] 架空输电线路施工与巡检新技术编委会 . 架空输电线路施工与巡检新技术 [M]. 北京：中国水利水电出版社，2021.

[7] 祝贺，李光辉 . 高压架空输电线路施工 [M]. 北京：中国电力出版社，2015.

[8] 南京苏逸实业有限公司 . 电力建设施工安全管理标准化手册（线路部分）[M]. 北京：中国电力出版社，2013.